计算思维导论

邵　斌　张　永　唐琦哲　胡连信 ◎ 编著

U0209417

电子工业出版社
Publishing House of Electronics Industry
北京·BEIJING

内 容 简 介

"计算思维导论"是学生进入大学的第一门计算机课程。全书针对高等院校学生的特点和培养定位，以应用基础为背景，从培养学生建立计算思维理论体系、促进学生的计算思维与各专业思维交叉融合的角度出发，引导学生对计算思维从一个较浅的理解层次逐步过渡到较深入的理解层次。

本书设计了 14 章，分别是计算机与计算思维，信息表示，计算机系统，算法设计基础，计算学科基础理论，人工智能基础，社会网络与图论，强关系、弱关系与同质性现象，小世界现象，博弈论基础，网络流量及拍卖的博弈论模型，匹配市场，网络中的议价与权力，万维网的结构和网络搜索。

本书坚持"学生中心、产出导向、持续改进"的 OBE 教育理念；在内容方面，立足计算思维理论和实际应用相结合，优化重构教学内容与课程体系；及时引入计算思维领域的学术研究、发展前沿成果。

本书可作为高等学校"计算思维导论"或"计算机导论"等课程的教材或参考书，也可供有关专业的学生、教师和科技人员参考。

图书在版编目（CIP）数据

计算思维导论 / 邵斌等编著. —北京：电子工业出版社，2024.6

ISBN 978-7-121-47967-0

Ⅰ. ①计… Ⅱ. ①邵… Ⅲ. ①电子计算机－高等学校－教材 Ⅳ. ①TP3

中国国家版本馆 CIP 数据核字（2024）第 107430 号

责任编辑：康　静
印　　刷：天津千鹤文化传播有限公司
装　　订：天津千鹤文化传播有限公司
出版发行：电子工业出版社
　　　　　北京市海淀区万寿路 173 信箱　　　邮编：100036
开　　本：787×1092　　1/16　　印张：14　　字数：315 千字
版　　次：2024 年 6 月第 1 版
印　　次：2024 年 6 月第 1 次印刷
定　　价：46.00 元

凡所购买电子工业出版社图书有缺损问题，请向购买书店调换。若书店售缺，请与本社发行部联系，联系及邮购电话：（010）88254888，88258888。

质量投诉请发邮件至 zlts@phei.com.cn，盗版侵权举报请发邮件至 dbqq@phei.com.cn。

本书咨询联系方式：010-88254609，hzh@phei.com.cn。

前　言

　　计算及相关技术的发展已经改变了人们的工作和生活方式，计算机已经融入人们工作生活的方方面面。越来越多的共识凝聚在大学计算机的通识思维教育及计算思维教育方面，并认为计算思维是与理论思维、实验思维互为补充的所有大学生都应掌握的基本思维。大学生经过 4 年甚至更长时间的计算机专业教育和训练后了解了计算机的基本工作原理，尽管也能够构建满足一定要求的系统，但不知道如何运用计算思维解决不同领域特别是社会科学领域的实际问题。所以，针对高等院校学生的特点和培养定位，我们从培养学生建立计算思维理论体系、促进学生的计算思维与各专业思维交叉融合的角度出发，编写了本书。

　　本书主要由以下 14 章内容构成：

　　第 1 章计算机与计算思维，包括计算机的发展及应用、计算思维。

　　第 2 章信息表示，包括数制及其运算、数值数据的表示、信息的存储和计算机字符的编码。

　　第 3 章计算机系统，包括计算机系统概述、计算机硬件部件及其功能、计算机软件系统。

　　第 4 章算法设计基础，包括算法概述、算法分析、算法类型。

　　第 5 章计算学科基础理论，包括操作系统概述、计算机网络基础、数据库技术。

　　第 6 章人工智能基础，包括人工智能的定义和发展、人类智能与人工智能、人工智能的学派及其争论、人工智能的研究和应用领域。

　　第 7 章社会网络与图论，包括社会网络概述、图论的基本概念、图的存储、图的遍历。

　　第 8 章强关系、弱关系与同质性现象，包括三元闭包，强关系、弱关系，同质现象，物以类聚、人以群分，谢林模型。

　　第 9 章小世界现象，包括六度分隔、Watts-Strogatz 模型、短视搜索。

　　第 10 章博弈论基础，包括博弈的基本概念、博弈的求解、混合策略、博弈的解与社会福利。

　　第 11 章网络流量及拍卖的博弈论模型，包括网络流量的博弈论模型、拍卖。

　　第 12 章匹配市场，包括二部图与完美匹配、估值与最优分配、价格与市场清仓性质。

第 13 章网络中的议价与权力，包括社会网络中的权力、网络交换实验的结果、两人交互模型：纳什议价解。

第 14 章万维网的结构和网络搜索，包括万维网结构、万维网的领结结构、网络搜索：排名问题、利用中枢和权威进行链接分析、网页排名。

前 6 章主要介绍了计算学科的基本原理、方法和问题，第 7 章和第 10 章重点介绍了图论和博弈论 2 个主要工具，其余各章主要介绍了运用图论和博弈论工具讨论社会学和经济学典型案例，分析了计算思维在社会科学领域的实际应用。本书以计算科学的基本问题为主线，以图论和博弈论为主要工具，以社会学和经济学典型案例为抓手，分析了计算思维在社会科学领域的实际应用，强调概念、模型、性质、证明，以及通过程序观察、推理评估相关模型所展现的性质和特征，探索相关社会现象的机制、原理、原因。编写本书的主要目的是通过讨论一些经典的社会科学问题，拓展学生知识面，使学生掌握对以互连与互动为特征的社会科学问题进行抽象与分析的方法，逐步培养学生运用计算思维解决社会科学问题的能力。在计算思维这个较高的层面将思维与知识应用有机地统一起来，有助于课程的教与学，更有助于学生计算思维能力的提高。

本书的出版得到了各方领导的关心和支持，得到了湖州师范学院专项经费的资助。

本书在编写过程中参阅了不少文献，书后的参考文献中未能一一列举，不周之处，还望谅解，在此一并感谢！

由于编者水平有限，时间仓促，错漏之处在所难免，欢迎读者批评、指正。

邵　斌

2023 年 5 月 26 日

目 录

第 1 章

计算机与计算思维

1.1 计算机的发展及应用

信息化社会中，计算机走入各行各业，成为各行业必不可少的工具。尤其是个人计算机（Personal Computer）的使用，已成为有效学习和工作所必需的基本技能之一。

在人类文明发展的历史长河中，计算工具经历了从简单到复杂、从低级到高级的发展过程，例如"结绳记事"中的绳结、算筹、算盘、计算尺、手摇机械计算机、电动机械计算机等。它们在不同的历史时期发挥了各自的作用，同时孕育了电子计算机的雏形和设计思路。

1.1.1 计算机的发展简史

第一台真正的计算机是著名科学家帕斯卡（B.Pascal）发明的机械计算机。帕斯卡的计算机是由一系列齿轮组成的装置，外形像一个长方体盒子，要用钥匙旋紧发条后才能转动，只能够做加法和减法运算。

1822 年，巴贝奇耗费了整整十年光阴完成了第一台差分机，它可以处理 3 个不同的 5 位数，计算精度达到 6 位小数，当即就演算出好几种函数表。阿达·洛芙莱斯第一次为计算机编出了程序，人们公认她是世界上第一位软件工程师。

1936 年，英国人艾伦·图灵[①]（1912—1954）提出了一种抽象的计算模型——图灵机。所谓图灵机，就是指一个抽象的机器，它有一条无限长的纸带，纸带被分成了一个一个的小方格，每个小方格有不同的颜色。一个机器头在纸带上移来移去。机器头有一组内部状态，还有一些固定的程序。在每个时刻，机器头都要从当前纸带上读入一个小方格信息，然后结合自己的内部状态查找程序表，根据程序输出信息到纸带小方格上，并转换自己的内部状态，再进行移动。

1946 年 2 月 14 日，世界上第一台通用电子数字积分计算机（Electronic Numerical Integrator And Computer，ENIAC）在美国宾夕法尼亚大学研制成功。

---

① 计算机科学领域的最高荣誉是美国计算机协会（ACM）设立的图灵奖，被誉为计算机科学的诺贝尔奖。它的获得者都是计算机科学领域最为出色的科学家。

ENIAC（见图 1-1）最初用来计算弹道和射击表，其主要元件是电子管，每秒能完成 5000 次加法、400 次乘法运算，比当时最快的计算工具快 300 倍。ENIAC 有几个房间那么大，占地 170 平方米，使用了 1500 个继电器，18800 个电子管，重达 30 多吨，每小时耗电 150 千瓦，耗资 40 多万美元，真可谓庞然大物。用 ENIAC 计算题目时，人们首先要根据题目的计算步骤预先编好一条条指令，再按指令连接好外部线路，然后启动 ENIAC，让其自动运行并输出结果。当要计算另一个题目时，必须重复进行上述工作，所以只有少数专家才能使用 ENIAC。尽管这是 ENIAC 的明显弱点，但过去借助机械分析机费时 7～20 小时才能计算出一条弹道，使用 ENIAC 只需要 30 秒，将科学家从大量的计算中解放出来。至今人们仍然公认，ENIAC 的问世标志着计算机时代的到来，它的出现具有划时代的意义。

图 1-1　ENIAC

在 ENIAC 的研制过程中，美籍匈牙利数学家冯·诺依曼（von Neumann，见图 1-2）总结并提出两点改进意见：一是计算机内部直接采用二进制数进行运算；二是将指令和数据都存储起来，由程序控制计算机自动执行。从此，存储程序和程序控制成为电子计算机与其他计算工具的根本区别。

图 1-2　冯·诺依曼

从第一台电子计算机诞生到现在，计算机技术以前所未有的速度迅猛发展，在短短的几十年中计算机的基本元件从电子管（见图 1-3）、晶体管（见图 1-4）、集成电路（见图 1-5）逐步发展为大规模、超大规模集成电路。计算机的发展历程如表 1-1 所示。

随着更高集成度的超大规模集成电路的出现，计算机分别朝着微型化和巨型化两个方向发展。微型计算机阶段的开启以 1981 年出现的 IBM-PC 为代表，微型计算机到今天已经随处可见，应用十分广泛；巨型计算机则多被用于诸如气象、太空、能源、医药等尖端科学研究和战略武器研制中的复杂计算，价格昂贵，体现了一个国家的综合科技实力。

表 1-1　计算机的发展历程

	时间	基本元件	运算速度	内存储器	外存储器	相应软件	应用领域
第一代计算机	1946—1958 年	电子管	几千次至几万次/秒	汞延迟线	卡片、磁带、磁鼓等	机器语言程序	军事领域
第二代计算机	1958—1964 年	晶体管	几十万次/秒	磁芯	磁盘、磁带	监控程序、高级语言程序	科学计算、数据处理、事务处理等
第三代计算机	1965—1971 年	中、小规模集成电路	几十万次至几百万次/秒	磁芯	磁盘、磁带	分时操作系统、结构化程序设计	各种领域
第四代计算机	1971 年至今	大规模、超大规模集成电路	几百万次至上亿次/秒	半导体存储器	磁盘、光盘等	多种多样	各种领域

图 1-3　电子管

图 1-4　晶体管

图 1-5　集成电路

1.1.2　计算机的分类

计算机发展到今天，已有很多品种，可以从不同的角度对其进行分类。

1. 按处理数据的类型分类

计算机按处理数据的类型分类，可以分为数字计算机、模拟计算机和混合计算机。

- 数字计算机：数字计算机所处理的数据（以电信号表示）是离散的，称为数字量，如职工人数、工资数据等。数据经处理之后，仍以数字形式输出到打印纸上或显示在屏幕上。目前，常用的计算机大都是数字计算机。
- 模拟计算机：模拟计算机所处理的数据是连续的，称为模拟量。例如电压、电流、温度等都是模拟量。模拟计算机常以绘图或量表的形式输出。
- 混合计算机：它集数字计算机与模拟计算机的优点于一身，可以进行模拟量或数字量的运算，最后输出连续的模拟量或离散的数字量。

2．按使用范围分类

计算机按使用范围分类，可以分为通用计算机和专用计算机。

- 通用计算机：通用计算机适用于一般科学运算、学术研究、工程设计和数据处理等。通常所说的计算机均指通用计算机。
- 专用计算机：专用计算机是为适应某种特殊应用而设计的计算机。它的运行程序不变，效率较高，速度较快，精度较好，但只能用于特定用途。例如，在飞机的自动驾驶仪、坦克的火控系统中使用的计算机，都属于专用计算机。

3．按性能分类

按性能分类是常规的分类方法，所依据的性能主要包括：存储容量，就是能记忆数据的多少；运算速度，就是处理数据的快慢；允许同时使用一台计算机的用户数和价格等。根据这些性能可以将计算机分为巨型计算机、大型计算机、小型计算机、微型计算机和工作站 5 类。

- 巨型计算机（Super Computer）：巨型计算机是目前功能最强、速度最快、价格最贵的计算机，一般用于解决诸如气象、航天、能源、医药等尖端科学研究和战略武器研制中的复杂计算问题。
- 大型计算机（Mainframe Computer）：大型计算机也有很高的运算速度和很大的存储量，并允许相当多的用户同时使用。大型计算机在量级上虽不及巨型计算机，但是价格比巨型计算机便宜。
- 小型计算机（Mini Computer）：规模比大型计算机小，能支持十几个用户同时使用。小型计算机价格便宜，适合于中小型企事业单位使用。
- 微型计算机（Micro Computer）：即微机，其最主要的特点是小巧、灵活、便宜，通常一次只能供一个用户使用，所以微型计算机也称个人计算机（Personal Computer）。近几年又出现了体积更小的微型计算机，如笔记本电脑、掌上电脑等。
- 工作站（Work Station）：工作站与功能较强的高档微型计算机之间的差别不十分明显。与微型计算机相比，工作站具有更大的存储容量和较快的运算速度，而且配备大屏幕显示器，主要用于图像处理和计算机辅助设计等领域。

不过，随着计算机技术的发展，各类计算机之间的差别不再那么明显。例如，现在高档微型计算机的内存容量比前几年小型计算机甚至大型计算机的内存容量还要大得多。随着网络时代的到来，为了适应计算机网络的发展，降低微型计算机成本，网络计算机（Network Computer）的概念应运而生。这种机器无须配置硬盘，只能联网运行而不能单独使用，所以价格较低。

微型计算机的特点：与大、中、小型计算机相比，微型计算机的中央处理器（CPU）是集中在一小块硅片上的，而大、中、小型机计算机的 CPU 则是由相当多的电路（或集成电路）组成的。因此，为了区别于大、中、小型计算机的 CPU，称微型计算机的 CPU 为微处理器（MPU）。

20 世纪 70 年代，计算机发展中最重大的事件莫过于微型计算机的诞生和迅速普及。微型计算机开发的先驱是美国 Intel 公司年轻的工程师马西安·霍夫（M. E. Hoff），他大胆地将计算机的全部电路做在 4 个芯片上，即 CPU 芯片、随机存取存储器芯片、只读存储器芯片和寄存器电路芯片，它们通过总线连接起来，组成了世界上第一台 4 位微型电子计算机 MCS-4。其微处理器命名为 Intel 4004。1971 年诞生的这台微型计算机揭开了世界微型计算机发展的序幕。

微型计算机发展的五个阶段：

第一代：1971 年产生 4 位机，2000 个晶体管，时钟频率为 1MHz。

第二代：1973 年产生 8 位机，代表机型为 Intel 8080、MC6800、Z80。

第三代：1978 年产生 16 位机，代表机型为 Intel 8086、80286。

第四代：1981 年产生 32 位机，其微处理器的性能超过 70 年代大、中型计算机，如曾经流行的 Pentium 4 处理器。

1.1.3 计算机的应用领域

计算机具有存储容量大、处理速度快、工作全自动、可靠性高、逻辑推理和判断能力强等特点。因此，在现代社会中，有信息的地方就可使用计算机。无论数值的还是非数值的数据，都可以表示成二进制数的编码；无论复杂的还是简单的问题，都可以用基本的算术运算和逻辑运算来求解，并可用算法和程序描述解决问题的步骤。所以，计算机在许多领域或场合都得到了广泛应用。

1．科学计算

计算机是为满足科学计算的需要而发明的。科学计算解决的是科学研究和工程技术中提出的一些复杂的数学问题，计算量大且精度要求高，只有具有高速运算能力和极大存储量的计算机才能完成。

2．数据处理

数据处理是目前计算机广泛应用的领域之一。使用计算机可对各种形式的信息（如文字、数据、图像和声音等）进行收集、存储、加工、显示、分析和传送。当今社会，计算机广泛应用于信息管理，对办公自动化、管理自动化乃至社会信息化都有积极的促进作用。随着信息化进程的推进，信息管理中的信息过滤和分析进一步支持了其在智能决策等方面的应用，数据处理在商业、管理部门中的作用日益重要，成为衡量社会信息化质量的重要依据。

应该指出：办公自动化大大提高了办公效率和管理水平，越来越多地被应用到各级政府机关的办公事务中。信息化社会要求各级政府办公人员掌握计算机和网络的使用。

3．过程控制

过程控制是指用计算机采集各类生产过程中的实时数据，把得到的数据按照预定的算法进行处理，然后将处理结果反馈到执行机构去控制后续过程。它是生产自动化的重要技术和手段。

4．计算机辅助系统

- 计算机辅助设计（Computer Aided Design，CAD）。CAD 系统能帮助设计人员实现最优化设计，能自动将设计方案转变成生产图纸，提高设计质量和自动化程度，大大缩短了新产品的设计与试制周期，从而成为生产现代化的重要手段。
- 计算机辅助制造（Computer Aided Manufacturing，CAM）。CAM 利用 CAD 的输出信息控制、指挥生产和装配产品。CAD/CAM 使产品的设计和制造过程都能在高度自动化的环境中进行。
- 计算机集成制造（Computer Integrated Manufacturing System，CIMS）。将各个单项信息处理单元和制造企业管理信息系统集成在一起，将产品生命周期中所有有关功能，包括设计、制造、管理、市场等的信息处理单元全部予以集成。

5．现代教育

计算机作为现代教学手段在教育领域中的应用越来越广泛和深入。

- 计算机辅助教学（Computer Assisted Instruction，CAI）。CAI 适用于很多课程，更适合学生个性化、自主化的学习。为了适应各年龄段、不同水平人员学习的需要，各种各样的 CAI 课件相继问世。
- 计算机辅助测试（Computer Assisted Test，CAT）。是指利用计算机对学生的学习效果进行测试和学习能力评估。

6．计算机网络

计算机网络将多个独立的计算机系统联系在一起，将不同地域、不同国家、不同行业、不同组织的人们联系在一起，缩短了人们之间的距离，改变了人们的工作方式。

计算机的应用不胜枚举，重要的是怎样把计算机用于自己的学习、工作和研究之中。

1.1.4　计算机的发展趋势

计算机技术不断发展，日渐成熟，其发展趋势是巨型化、微型化、网络化、多媒体化与智能化。

1．巨型化

巨型化是指计算机向高速度、高精度、大容量、功能强方向发展。在许多领域都需要这样的计算机，比如破解人类基因等。一个国家巨型机的研制水平，在一定程度上标志着该国计算机的技术水平。

2．微型化

微型化是指计算机向功能齐全、使用方便、体积微小、价格低廉方向发展。计算机的微型化可以拓展计算机的应用领域，比如医疗中的诊断、手术，军事上的"电子苍蝇""蚂蚁士兵"等。只有计算机的微型化，才能使计算机日益贴近日常生活，推动计算机文化的普及。

3．网络化

计算机连接成网络，可以方便快捷地实现信息交流、资源共享等。通信、电子商务等都离不开计算机网络的支持，"网络就是计算机"不断被验证着。现在，世界上最大的计算机网络 Internet 已有几十亿用户。

4．多媒体化

传统的计算机处理的信息主要是字符和数字，人们通过键盘、鼠标和显示器来进行交互。现代计算机处理的信息则可以集图形、图像、声音、文字为一体，使人们面对有声有色、图文并茂的信息环境，这就是通常所说的多媒体计算机技术。

5．智能化

智能是指利用计算机来模拟人的思维过程，并利用计算机程序来实现这些过程。人们把用计算机模拟人的脑力劳动的过程，称为人工智能。例如数学定理的证明、进行逻辑推理、理解自然语言、辅助疾病诊断、实现人机对弈、密码破译等，都可利用人们赋予计算机的智能来完成。计算机高度智能化是人们长期不懈追求的目标。

1.1.5　计算机在我国的发展

我国的计算机科研工作从 1956 年开始。

1957 年，哈尔滨工业大学研制成功中国第一台模拟电子计算机。

1958 年，我国第一台计算机——103 型通用数字电子计算机研制成功，运行速度为每秒 1500 次。1959 年，我国研制成功 104 型电子计算机，运算速度为每秒 1 万次。1960 年，我国第一台大型通用电子计算机——107 型通用电子数字计算机研制成功。1965 年，我国第一台每秒运算百万次的集成电路计算机 DJS-Ⅱ型操作系统编制完成。1979 年，我国研制成功每秒运算 500 万次的集成电路计算机 HDS-9。1983 年，"银河Ⅰ号"巨型计算机研制成功，运算速度达每秒 1 亿次。1992 年，国防科技大学计算机研究所研制的巨型计算机"银河Ⅱ号"通过鉴定，其运行速度为每秒 10 亿次，后来又研制成功了"银河Ⅲ号"巨型计算机，运行速度已达到每秒 130 亿次，其系统的综合技术已达到当时国际先进水平，特别是 2001 年我国研制的"曙光 3000"巨型机的运算速度更是超过了每秒 4000 亿次。我国成为继美国、日本之后世界上第三个具备研制高性能计算机能力的国家。

2016 年 6 月 20 日，在法兰克福世界超算大会上，国际 TOP500 组织发布的榜单显示，"神威·太湖之光"超级计算机（见图 1-6）荣登榜首，不但速度比第二名"天河二号"快出近两倍，而且效率高出 3 倍；11 月 14 日，在美国盐湖城公布的新一期 TOP500 榜单中，"神威·太湖之光"以较大的运算速度优势轻松蝉联冠军；11 月 18 日，我国科研人员依托"神威·太湖之光"超级计算机的应用成果首次荣获"戈登·贝尔"奖，实现了我国高性能计算应用成果在该奖项上零的突破。

图 1-6　"神威·太湖之光"超级计算机

1.2　计算思维

1.2.1　计算思维的定义

回顾历史，不同的计算工具的发明与使用，都会影响甚至决定这个时期的文化普识教育的方向与趋势，都会约束和限制这个时期的科技创新与思维活动的能力，并在这个时期留下属于这个工具时代的烙印。

计算思维是人类应具备的第三种思维。

理论思维：指以科学的原理、概念为基础来解决问题的思维活动，又称逻辑思维。例如，用"水是生命之源"的理论来解释干旱对世界万物的影响。

实验思维：在研究人员的尚待进一步探讨的实验中，有许多东西都是值得注意的。无论理论研究者还是实际工作者都应把思维实验所得到的结果作为参考。

计算思维：是指运用计算机科学的基础概念进行问题求解、系统设计及人类行为理解等涵盖计算机科学之广度的一系列思维活动。

计算思维建立在计算过程的能力和限制之上，它选择合适的方式去陈述一个问题，对一个问题的相关方面建模并用最有效的方法实现问题的求解，整个过程由人和机器协同执行。计算方法和模型帮助我们去处理那些原本无法或很难解决的问题。

计算思维直面机器智能的不解之谜：什么工作计算机比人类做得好？最基本的问题是：什么是可计算的？迄今为止，我们对这些问题仍是一知半解。

1.2.2　计算思维示例

1．一元二次方程求解

求 $ax^2 + bx + c = 0$ 的根，人求解时利用公式 $x = -b \pm \sqrt{(b^2 - 4ac)}$ ，计算得到 x 的值（保留 2 位小数）。

机器求解则从 $-n$ 到 n ，产生 x 的每一个数值，比如-10、-9.99、-9.98、…、9.99、10，将其依次代入方程中计算；如果某个数值使得方程成立，或者 $ax^2 + bx + c$ 的值是一个非常接近 0 的数，则该数即为其解，否则不是。

人计算的规则可能很复杂，但计算量却可能很小；人需要知道具体的计算规则；针对不同的问题有不同的规则。

机器的自动计算：规则可能很简单，但计算量却很大；机器也可以采用人所使用的计算规则；机器计算的规则是一般性的、普遍可以使用的规则，可以求任意的一元方程：
$a_1 x^{b_1} + a_2 x^{b_2} + \cdots + a_n x^{b_n} + c = 0$ 。

2．"百钱买百鸡"问题

"百钱买百鸡"问题是我国古代的著名数学题。题目这样描述：3 文钱可以买 1 只公鸡，2 文钱可以买一只母鸡，1 文钱可以买 3 只小鸡。用 100 文钱买 100 只鸡，那么各有公鸡、母鸡、小鸡多少只？与之相似，有"鸡兔同笼"等问题。

人求解的方法这里不再赘述，可以参看相应的数学教材。

机器求解：我们假设 a 、b 、c 分别代表公鸡、母鸡、小鸡的数量。首先我们可以得到各鸡的数量关系式 $a + b + c = 100$ ，以及钱的关系式 $3a + 2b + c/3 = 100$ ；然后根据各鸡的数量关系式，我们可以得到各鸡的数量范围： $0 \leqslant a \leqslant 33$, $0 \leqslant b \leqslant 50$, $0 \leqslant b \leqslant 300$ ；最后机器计算当 a 为 0 时， b 从 0 一直到 50；当 b 为 0 时， c 从 0 一直到 300， $a + b + c = 100$ 以及 $3a + 2b + c/3 = 100$ 是否成立，成立即为其解，否则不是。这样求解，计算机要求解 $34 \times 51 \times 301 = 521934$ 次。

其实计算量可以少一点，计算 c 的时候只要计算能够被 3 整除的数 0，3，6，…，这样的话计算次数为 $34 \times 51 \times 101 = 175134$ 次。

可不可以计算量再少一点呢？实际上当 $0 \leqslant a \leqslant 33$ 、 $0 \leqslant b \leqslant 50$ 时， c 可以根据关系式 $c = 100 - a - b$ 直接求出来，然后判断 c 是否能够被 3 整除，再计算 $3a + 2b + c/3 = 100$ 是否成立，成立即为其解，否则不是。这样求解，计算机要求解 $34 \times 51 = 1734$ 次。

1.2.3　计算思维的特征

计算思维是概念化而不是程序化的：计算机科学不仅仅是计算机编程。像计算机科学家那样去思考意味着远不止能为计算机编程，还要求能够在抽象的多个层次上思考。

计算思维是根本而不是刻板的技能：根本技能是每个人为了在现代社会中发挥职能所必须掌握的。刻板的技能意味着机械的重复。

计算思维是人而不是计算机的思维方式：计算思维是人类求解问题的一条途径，但并非要使人类像计算机那样思考。计算机枯燥且沉闷，人类聪颖且富有想象力。配置了计算设备，我们就能用自己的智慧去解决那些在计算机时代之前不能解决的问题。

计算思维是数学和工程思维的互补与融合：计算机科学在本质上源自数学思维。计算机科学又源自工程思维，因为我们建造的是能够与实际世界互动的系统，基本计算设备的限制迫使计算机科学家计算性地思考，不能只是数学性地思考。构建虚拟世界的自由使我们能够设计超越物理世界的各种系统。

计算思维是思想而不是人造物：不仅仅是我们生产的软件、硬件等人造物将以物理形式呈现，并时时刻刻影响我们的生活，更重要的是还将包含我们求解问题、管理日常生活、与他人交流和互动的计算概念与思想。

计算思维是面向所有人和所有地方的：当计算思维真正融入人类的各种活动，而不再表现为一种形式上的理论的时候，它就将成为一种现实。计算思维就是一种前沿理念，引导我们像计算机科学家一样去思考。

1.2.4　计算思维的内涵

什么是可计算的？怎么去计算？这些问题始终萦绕在我们的脑海中。

我们必须清楚和明白现有计算工具处理信息的原理、模式和方法，以及它的局限和能力缺陷。

计算思维是通过约简、嵌入、转化和仿真等方法，把一个看似困难的问题重新阐释成一个已有解决方法的问题。

计算思维是一种递归思维，是一种并行处理方法；是一种能够把代码译成数据又能把数据译成代码的方法；是一种多维分析推广的类型检查方法；是一种采用抽象和分解来控制庞杂的任务或进行巨大复杂系统设计的方法。

计算思维是一种通过选择合适的方式去陈述一个问题，或对一个问题的相关方面进行建模使其易于处理的思维方法；是通过冗余、容错、纠错的方式进行系统恢复的一种思维方法；是利用启发式推理寻求解答，即在不确定情况下进行规划、学习和调度的思维方法；是利用海量数据来加快计算，在时间与空间之间、在处理能力与存储容量之间进行折中的思维方法。

发明创造、科技创新、寻求突破是人类不懈努力的动力与源泉，而培养和具备计算思维已成为实现这一切的重要前提和必备条件。

创新是一个民族生存、发展和进步的原动力。计算思维能力的培养对我们每个人的创新能力的培养是至关重要的。创新要靠科学的思想方法。

1.3 习题

单项选择题

1. 第一台电子计算机使用的逻辑部件是（　　　）。
   A. 集成电路
   B. 大规模集成电路
   C. 晶体管
   D. 电子管

2. 1946 年电子计算机 ENIAC 问世后，冯·诺伊曼在研制 EDVAC 计算机时，提出两个重要的改进，它们是（　　　）。
   A. 引入 CPU 和内存储器的概念
   B. 采用机器语言和十六进制
   C. 采用 ASCII 编码系统
   D. 采用二进制和存储程序控制的概念

3. 第四代计算机采用的主要元件是（　　　）。
   A. 集成电路
   B. 大规模和超大规模集成电路
   C. 晶体管
   D. 电子管

4. 在计算机应用中，"计算机辅助制造"的英文缩写是（　　　）。
   A. CAD
   B. CAM
   C. CAI
   D. CAT

5. 下列有关信息的描述正确的是（　　　）。
   A. 只有以书本的形式才能长期保存信息
   B. 数字信号比模拟信号易受干扰而导致失真
   C. 计算机以数字化的方式对各种信息进行处理
   D. 信息的数字化技术已初步被模拟化技术取代

6. 目前大多数计算机就其工作原理而言，采用的是科学家（　　　）提出的存储程序控制原理。
   A. 比尔·盖茨
   B. 冯·诺依曼
   C. 乔治·布尔
   D. 艾伦·图灵

7. 利用计算机进行图书管理，属于计算机应用中的（　　　）。
   A. 数值计算
   B. 数据处理
   C. 人工智能
   D. 辅助设计

8. 现代信息社会的主要标志是（　　　）。
   A. 汽车的大量生产
   B. 人口的日益增长
   C. 自然环境的不断改变
   D. 计算机技术的大量应用

9. 办公自动化是计算机的一项应用，按计算机应用的分类，它属于（　　）。

  A．科学计算 B．实时控制   C．数据处理 D．辅助设计

10. 最能反映计算机功能的是（　　）。

  A．计算机可以代替人的脑力劳动 B．计算机可以存储大量的信息

  C．计算机可以实现高速度的运算 D．计算机是一种信息处理机

11. 下列叙述中，正确的是（　　）。

  A．最先提出存储程序思想的人是英国科学家艾伦·图灵

  B．ENIAC 采用的电子器件是晶体管

  C．在第三代计算机期间出现了操作系统

  D．第二代计算机采用的电子器件是集成电路

12. 目前，制造计算机所使用的电子器件是（　　）。

  A．大规模集成电路

  B．晶体管

  C．集成电路

  D．大规模集成电路和超大规模集成电路

13. 第一台电子计算机诞生于（　　）年。

  A．1940   B．1946   C．1945   D．1950

14. 第三代计算机主要采用（　　）制造。

  A．晶体管   B．大规模集成电路

  C．电子管   D．中、小规模集成电路

15. 微型计算机是随着（　　）的发展而发展起来的。

  A．晶体管   B．网络   C．电子管   D．集成电路

16. 第一台电子计算机在当时主要用于（　　）。

  A．自然科学研究   B．企业管理

  C．工业控制   D．国防

17. 计算机能够自动、准确、快速地按照人们的意图运行是因为（　　）。

  A．采用了超大规模集成电路 B．采用了操作系统

  C．采用了 CPU 作为中央核心部件 D．采用了存储程序和程序控制

习题讲解第 1 章

第 2 章

信息表示

2.1 数制及其运算

2.1.1 数制的概念

计算机所使用的数据分为数值数据和字符数据。数值数据用以表示量的大小、正负，如整数、小数等。字符数据也称为非数值数据，用以表示一些符号、标记，如英文字母 A～Z、a～z，数字 0～9，各种专用字符+、−、/、[、]、(、) 及标点符号等。汉字、图形、声音数据也属于非数值数据。

无论数值数据还是非数值数据，在计算机内部都是用二进制编码形式表示的。本节先介绍数制的基本概念，再介绍二进制、八进制、十六进制及它们之间的转换等。

1．数制的基本概念

人们在生产实践和日常生活中，创造了多种表示数的方法，这些数的表示规则称为数制，例如日常生活中的十进制、钟表计时中的六十进制（1 小时等于 60 分，1 分等于 60 秒）、早年我国曾使用过的 1 市斤等于 16 两的十六进制、计算机中使用的二进制等。

2．十进制

十进制是我们最常用和最熟悉的计数法，其计数规则是"逢十进一"：任意一个十进制数值都可用 0、1、2、3、4、5、6、7、8、9 共 10 个数字符号组成的字符串来表示，这些数字符号称为数码；数码处于不同的位置（数位）代表不同的数值。例如 819.18 这个数中，第一个数码 8 处于百位，代表 800；第二个数码 1 处于十位，代表 10；第三个数码 9 处于个位，代表 9，第四个数码 1 处于十分位，代表 1/10，而第五个数码 8 处于百分位，代表 8%。也就是说，十进制数 819.18 可以写成：

$$819.18 = 8 \times 10^2 + 1 \times 10^1 + 9 \times 10^0 + 1 \times 10^{-1} + 8 \times 10^{-2}$$

上式称为数值的按权展开式，其中 10^i（10^2 对应百位，10^1 对应十位，10^0 对应个位，10^{-1} 对应十分位，10^{-2} 对应百分位）称为十进制数位的位权，10 称为基数。

3. R 进制

从对十进制的分析中可以得出，任意 R 进制同样有基数 R、位权和按权展开式。其中 R 可以为任意正整数，如二进制的 R 为 2，十六进制的 R 为 16 等。

1）基数（Radix）

数制所包含的数字符号的个数称为该数制的基数，用 R 表示。

- 十进制：任意一个十进制数可用 0、1、2、3、4、5、6、7、8、9 十个数字符号表示，它的基数 R=10。
- 二进制：任意一个二进制数可用 0、1 两个数字符号表示，其基数 R=2。
- 八进制：任意一个八进制数可用 0、1、2、3、4、5、6、7 八个数字符号表示，它的基数 R=8。
- 十六进制：任意一个十六进制数可用 0、1、2、3、4、5、6、7、8、9、A、B、C、D、E、F 十六个数字符号表示，它的基数 R=16。

为区分不同数制的数，约定对于任一 R 进制的数 N，记作 $(N)_R$。如 $(1010)_2$、$(703)_8$、$(AE5)_{16}$ 分别表示二进制数 1010、八进制数 703 和十六进制数 AE5。人们也习惯在一个数的后面加上字母 D（十进制）、B（二进制）、O（八进制）、H（十六进制）来表示其前面的数采用的是什么数制，如 1010B 表示二进制数 1010，AE5H 表示十六进制数 AE5。

2）位权

任何一个 R 进制的数都是由一串数码表示的，其中每一位数码所表示的实际值大小，除与数码本身的数值有关外，还与它所处的位置有关。该位置上的基准值就称为位权（或称位值）。位权用基数 R 的 i 次幂表示。对于 R 进制数，小数点前第一位的位权为 R^0，小数点前第二位的位权为 R^1，小数点后第 1 位的位权为 R^{-1}，小数点后第 2 位的位权为 R^{-2}，以此类推。

假设一个 R 进制数具有 n 位整数、m 位小数，那么其位权为 R^i，其中 $i \in [-m, n-1]$。

显然，对于任一 R 进制数，其最右边数码的位权最小；最左边数码的位权最大。

3）数按位权展开

类似十进制数值的表示，任一 R 进制数的值都可表示为：各位数码本身的值与其所在位位权的乘积之和。例如：

十进制数 256.16 的按权展开式为：

$$256.16 = 2 \times 10^2 + 5 \times 10^1 + 6 \times 10^0 + 1 \times 10^{-1} + 6 \times 10^{-2}$$

二进制数 101.01 的按权展开式为：

$$101.01 = 1 \times 2^2 + 0 \times 2^1 + 1 \times 2^0 + 0 \times 2^{-1} + 1 \times 2^{-2}$$

八进制数 307.4 的按权展开式为：

$$307.4 = 3 \times 8^2 + 0 \times 8^1 + 7 \times 8^0 + 4 \times 8^{-1}$$

十六进制数 F2B 的按权展开式为：

$$F2B = 15 \times 16^2 + 2 \times 16^1 + 11 \times 16^0$$

2.1.2　常用的几类进制数及运算

根据上述数制的规律，下面对二进制数、八进制数、十进制数和十六进制数做一个总结。

（1）十进制：基数为 10，即"逢十进一"。它含有 10 个数字符号：0～9。

注意：下列各进制中的位权均以十进制数为底的幂表示。

（2）二进制：基数为 2，即"逢二进一"。它含有两个数字符号：0、1。

二进制数运算规则：

加：0+0=0　　0+1=1　　1+0=1　　1+1=10

减：0-0=0　　1-0=1　　1-1=0　　0-1=1（有借位）

乘：0×0=0　　0×1=0　　1×0=0　　1×1=1

除：是乘法的逆运算，主要采用乘法和减法进行除运算。

二进制是计算机中采用的数制，因为二进制具有如下特点：

① 简单可行：因为二进制仅有两个数码 0 和 1，可以用两种不同的稳定状态（如高、低电位）来表示。计算机的各组成部分都由仅有两个稳定状态的电子元器件组成，它不仅容易实现，而且稳定可靠。

② 运算规则简单：二进制的运算规则非常简单。以加法为例，二进制加法规则仅有四条，即 0+0=0；1+0=1；0+1=1；1+1=10（逢二进一）。如 11+101= 1000。

③ 适合逻辑运算：二进制中的 0 和 1 正好分别表示逻辑代数中的假值（False）和真值（True）。二进制数代表逻辑值，容易实现逻辑运算。

④ 采用二进制数可以节省元器件。

但是，二进制的明显缺点是数字冗长、书写量过大，容易出错，不便阅读。所以，在计算机技术文献中，常用八进制数或十六进制数表示。

（3）八进制：基数为 8，即"逢八进一"。它含有 8 个数字符号：0～7。

（4）十六进制：基数为 16，即"逢十六进一"。它含有 16 个数字符号：0～9、A、B、C、D、E、F，其中 A、B、C、D、E、F 分别表示十进制数 10、11、12、13、14、15。

应当指出，二进制、八进制、十六进制和十进制都是常用的数制，所以在一定数值范围内直接写出它们之间的对应表示，也是经常遇到的问题。

（5）二进制数运算。

【例 2-1】　　1111010010011110010 + 11110010111110 =？

$$1111010010011110010$$
$$+\quad\quad 11110010111110$$
$$\overline{}$$
$$1111110000110110000$$

【例2-2】 1111010010011110010 - 11110010111110 =?

$$1111010010011110010$$
$$-\quad\quad 11110010111110$$
$$\overline{}$$
$$1110110100000110100$$

（6）八进制数运算。

【例2-3】 1722362 + 36276 =?

$$1722362$$
$$+\quad 36276$$
$$\overline{}$$
$$1760660$$

【例2-4】 1722362 - 36276 =?

$$1722362$$
$$-\quad 36276$$
$$\overline{}$$
$$1664064$$

（7）十六进制数运算。

【例2-5】 7A4F2 + 3CBE=?

$$7A4F2$$
$$+\ 3CBE$$
$$\overline{}$$
$$7E1B0$$

【例2-6】 7A4F2 - 3CBE=?

$$7A4F2$$
$$-\ 3CBE$$
$$\overline{}$$
$$76834$$

2.1.3　各种数制间的转换

对于各种数制间的转换，要求重点掌握二进制整数与十进制整数之间的转换。

1．非十进制数转换成十进制数

利用按位权展开的方法，可以把任意数制的一个数转换成十进制数。下面是将二进制数、八进制数、十六进制数转换为十进制数的例子。

【例 2-7】　将二进制数 101.101 转换成十进制数。

$(101.101)_2 = 1\times2^2 + 0\times2^1 + 1\times2^0 + 1\times2^{-1} + 0\times2^{-2} + 1\times2^{-3}$　$=4+0+1+0.5+0+0.125=5.625$

【例 2-8】　将二进制数 110101 转换成十进制数。

$(110101)_2 = 1\times2^5 + 1\times2^4 + 0\times2^3 + 1\times2^2 + 0\times2^1 + 1\times2^0$　$=32+16+4+1=53$

【例 2-9】　将八进制数 777 转换成十进制数。

$(777.6)_8 = 7\times8^2 + 7\times8^1 + 7\times8^0 + 6\times8^{-1} = 448+56+7+0.75=511.75$

【例 2-10】　将十六进制数 BA 转换成十进制数。

$(BA.8)_{16} = 11\times16^1 + 10\times16^0 + 8\times16^{-1} = 176+10+0.5=186.5$

由上述例子可见，掌握了数制的概念后，将任一 R 进制数转换成十进制数时只要将此数按位权展开即可。

2．十进制数转换成二进制数

通常一个十进制数包含整数和小数两部分，将十进制数转换成二进制数时，对整数部分和小数部分的处理方法不同，下面分别进行讨论。

1）把十进制整数转换成二进制整数

方法是"除 2 取余，自下而上"。具体步骤是：把十进制整数除以 2 得到一个商数和一个余数；再将所得的商除以 2，又得到一个新的商数和余数；这样不断地用 2 去除所得的商数，直到商等于 0 为止。每次相除所得的余数便是对应的二进制整数的各位数码。第一次得到的余数为最低有效位，最后一次得到的余数为最高有效位。

【例 2-11】　将十进制整数 215 转换成二进制整数。

解：对十进制整数除 2 取余。

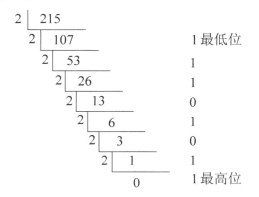

所以$(215)_{10}=(11010111)_2$。

2）把十进制小数转换成二进制小数

方法是"乘2取整，自上而下"。具体步骤是：把十进制小数乘以2得到一个整数部分和一个小数部分；再用2乘所得的小数部分，又得到一个整数部分和一个小数部分；这样不断地用2去乘所得的小数部分，直到所得小数部分为0或达到要求的精度为止。每次相乘后所得乘积的整数部分就是相应二进制小数的各位数码，第一次乘积所得的整数部分为最高有效位，最后一次乘积得到的整数部分为最低有效位。

【例 2-12】 将十进制小数 0.6875 转换成二进制小数。

解：

$$
\begin{array}{r}
0.6875 \\
\times \quad 2 \\
\hline
\end{array}
$$

最高位   1   .3750

$$
\times \quad 2
$$

0   .7500

$$
\times \quad 2
$$

1   .5000

$$
\times \quad 2
$$

最低位   1   .0000

所以$(0.6875)_{10}=(0.1011)_2$。

【例 2-13】 将十进制小数 0.2 转换成二进制小数（取小数点后 5 位）。

解：因为

$$
0.2 \\
\times \quad 2
$$

最高位   0   .4

$$
\times \quad 2
$$

0   .8

$$
\times \quad 2
$$

1   .6

$$
\times \quad 2
$$

1   .2

$$
\times \quad 2
$$

最低位   0   4

所以$(0.2)_{10}=(0.0011)_2$。

综上所述，要将任意一个十进制数转换为二进制数，只需将其整数部分、小数部分分别转换，然后用小数点连接起来即可。

上述将十进制数转换成二进制数的方法同样适用于十进制数与八进制数、十进制数与十六进制数之间的转换，只是使用的基数不同。

3．二进制数与八进制数或十六进制数间的转换

用二进制数编码，存在这样一个规律：n 位二进制数最多能表示 2^n 种状态。所以用 3 位二进制数就可表示 1 位八进制数，用 4 位二进制数就可表示 1 位十六进制数。

（1）二进制数转换成八进制数：将一个二进制数转换成八进制数的方法很简单，只要从小数点开始分别向左、向右按每 3 位一组划分，不足 3 位的以 0 补足，然后将每组 3 位二进制数用与其等值的 1 位八进制数字代替即可。

【例 2-14】 将二进制数$(11101010011.10111)_2$转换成八进制数。

解：按上述方法，从小数点开始向左、向右按每 3 位二进制数一组分隔得：

$$011 \quad 101 \quad 010 \quad 011. \quad 101 \quad 110$$
$$3 \quad\quad 5 \quad\quad 2 \quad\quad 3.\quad 5 \quad\quad 6$$

在所划分的二进制位组中，第一组和最后一组是由于不足 3 位经补 0 而成的。再以 1 位八进制数字替代每组的 3 位二进制数字得 3，5，2，3，5，6。故原二进制数转换为$(3523.56)_8$。

（2）八进制数转换成二进制数：将八进制数转换成二进制数，其方法与二进制数转换成八进制数相反。即将每一位八进制数字代之以与其等值的三位二进制数即可。

【例 2-15】 将$(477.563)_8$转换成二进制数。

解：因为

$$4 \quad\quad 7 \quad\quad 7. \quad\quad 5 \quad\quad 6 \quad\quad 3$$
$$100 \quad 111 \quad 111. \quad 101 \quad 110 \quad 011$$

故原八进制数转换为$(100111111.101110011)_2$。

（3）二进制数转换成十六进制数：将一个二进制数转换成十六进制数的方法与将一个二进制数转换成八进制数的方法类似，只要从小数点开始分别向左、向右按每 4 位一组划分，不足 4 位的以 0 补足，然后将每组 4 位二进制数代之以 1 位十六进制数字即可。

【例 2-16】 将二进制数$(1111101011011.10111)_2$转换成十六进制数。

解：按上述方法分组得：0001，1111，0101，1011. 1011，1000。在所划分的二进制位组中，第一组和最后一组是由于不足 4 位经补 0 而成的。再以 1 位十六进制数字替代每组的 4 位二进制数字得：

$$(1111101011011.10111) = (1F5B.B8)_{16}$$

（4）十六进制数转换成二进制数：将十六进制数转换成二进制数，其方法与二进制数转换成十六进制数相反。只要将每1位十六进制数字代之以与其等值的4位二进制数即可。

【例2-17】 将(6AF.C5)₁₆转换成二进制数。

解： 6   A   F   .   C   5   分别对应于

0110 1010 1111. 1100 0101

故原十六进制数转换为(11010101111.11000101)₂。

所以，十进制数与八进制数及十六进制数之间的转换可以通过除基（8或16）取余的方法直接进行（其方法同十进制数到二进制数的转换方法），也可以借助二进制数作为桥梁来完成。

2.1.4 二进制信息的逻辑运算

在计算机中，可对二进制数做两种基本运算：算术运算和逻辑运算，其中算术运算包括加、减、乘、除，而逻辑运算包括与、或、非。

逻辑信息的表示方法："真"与"假"、"对"与"错"、"是"与"非"等具有逻辑性质的信息称为逻辑量，二进制的1和0在逻辑上可以表示这种信息。

一般来说，在计算机中，逻辑量用于判断某一事件是否成立，成立为1（真），事件发生；不成立为0（假），事件不发生。

逻辑量间的运算称为逻辑运算，结果仍为逻辑量。

基本逻辑运算包括与（常用符号×、·、∧表示）、或（常用符号+、∨表示）、非（常用符号‾表示）。

逻辑与的运算规则：$0 \wedge 0 = 0$ $0 \wedge 1 = 0$ $1 \wedge 0 = 0$ $1 \wedge 1 = 1$

逻辑或的运算规则：$0 \vee 0 = 0$ $0 \vee 1 = 1$ $1 \vee 0 = 1$ $1 \vee 1 = 1$

逻辑非的运算规则：$\overline{0} = 1$ $\overline{1} = 0$

逻辑运算的优先级依次为"非"、"与"和"或"；改变优先级的方法是使用括号"（ ）"，括号内的逻辑表达式优先执行。

2.2 数值数据的表示

2.2.1 机器数的表示

在计算机中，因为只有"0"和"1"两种形式，所以数的正、负号，也必须以"0"和"1"表示。通常把一个数的最高位定义为符号位，用0表示正，1表示负，称为数符；

其余位仍表示数值。把在机器内存放的正、负号数码化的数称为机器数，把机器外部由正、负号表示的数称为真值数。例如，真值为$(-0101100)_2$的机器数为10101100B，存放在机器中。

要注意的是，机器数表示的范围受到字长和数据类型的限制。字长和数据类型确定了，机器数能表示的数值范围也就确定了。例如，若表示一个整数，字长为 8 位，则最大的正数为01111111，最高位为符号位，即最大值为 127。若数值超出 127，就要"溢出"。

在计算机中，带符号数可以用不同方法表示，常用的有原码、反码和补码。

（1）原码：数 X 的原码记作$[X]_{原}$，如果机器字长为 n，则原码的定义如下：

$$[X]_{原} = \begin{cases} X, & 0 \leqslant X \leqslant 2^{n-1}-1 \\ 2^{n-1}+|X|, & -(2^{n-1}-1) \leqslant X \leqslant 0 \end{cases}$$

【例 2-18】 当机器字长 n=8 时，有：

$$[+1]_{原}=00000001 \qquad\qquad [-1]_{原}=10000001$$
$$[+127]_{原}=01111111 \qquad\qquad [-127]_{原}=11111111$$

由此可以看出，在原码表示法中：

① 最高位为符号位，正数为 0，负数为 1，其余的 n-1 位表示数的绝对值。

② 零有两种表示形式，即$[+0]_{原}$=00000000，$[-0]_{原}$=10000000。

（2）反码：数 X 的反码记作$[X]_{反}$，如果机器字长为 n，则反码的定义如下：

$$[X]_{反} = \begin{cases} X, & 0 \leqslant X \leqslant 2^{n-1}-1 \\ 2^n-1-|X|, & -(2^{n-1}-1) \leqslant X \leqslant 0 \end{cases}$$

【例 2-19】 当机器字长 n=8 时，有：

$$[+1]_{反}=00000001 \qquad\qquad [-1]_{反}=11111110$$
$$[+127]_{反}=01111111 \qquad\qquad [-127]_{反}=10000000$$

由此看出，在反码表示法中：

① 正数的反码与原码相同，负数的反码只需将其对应的正数反码按位取反即可得到。

② 机器数的最高位为符号位，0 代表正号，1 代表负号。

③ 零有两种表示形式，即$[+0]_{反}$=00000000，$[-0]_{反}$=11111111。

（3）补码：数 X 的补码记作$[X]_{补}$，如果机器字长为 n，则补码的定义如下：

$$[X]_{补} = \begin{cases} X, & 0 \leqslant X \leqslant 2^{n-1}-1 \\ 2^n-|X|, & -2^{n-1} \leqslant X < 0 \end{cases}$$

【例 2-20】 当机器字长 n=8 时，有：

$$[+1]_{补}=00000001, \qquad\qquad [-1]_{补}=11111111$$
$$[+127]_{补}=01111111, \qquad\qquad [-127]_{补}=10000001$$

由此看出，在补码表示法中：

① 正数的补码与原码、反码相同，负数的补码等于它的反码在末位加 1。

② 机器数的最高位为符号位，0 代表正号，1 代表负号。

③ 零有唯一的编码，即$[+0]_补 = [-0]_补 = 00000000$。

补码的运算方便，二进制数的减法可以用补码的加法来实现，使用比较广泛。

2.2.2 数的定点和浮点表示

计算机内表示的数，主要分成定点小数、定点整数与浮点数 3 种类型。

1）定点小数

定点小数是指小数点准确固定在数据某一个位置上的小数。一般把小数点固定在最高数据位的左边，小数点左边再设一位符号位，如图 2-1 所示。即在计算机中用 $M+1$ 个二进制位表示一个小数，最高（最左）一个二进制位表示符号（若用 0 表示正号，则 1 就表示负号），后面的 M 个二进制位表示该小数的数值。小数点不用明确表示出来，因为它总是定在符号位与最高数值位之间。对用 $M+1$ 个二进制位表示的小数来说，其值的范围为 $|N| \leqslant 1-2^{-M}$。定点小数表示法主要用在早期的计算机中。

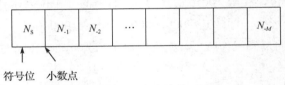

符号位　小数点

图 2-1　定点小数

2）定点整数

整数所表示的数据的最小单位为 1，可以认为它是小数点定在数值最低位右面的一种表示法。整数分为带符号整数和不带符号整数两类。对带符号的整数，符号位放在最高位，如图 2-2 所示。

对于用 $N+1$ 个二进制位表示的带符号整数，其值的范围为 $|N| \leqslant 2^N-1$。

对于不带符号的整数，所有的 $N+1$ 个二进制位均看成数值，此时数值表示范围为 $0 \leqslant N \leqslant 2^{N+1}-1$。在计算机中，一般用 8 位、16 位和 32 位等表示数据。一般定点数表示的范围和精度都较小，在数值计算时，大多数采用浮点数。

符号位　　　　　　　　　　　　　　　　　小数点

图 2-2　带符号整数的表示

3）浮点数

浮点数的表示法对应于科学（指数）计数法，如数 110.011 可表示为

$$N=110.011=1.10011\times2^{10}=11001.1\times2^{-10}=0.110011\times2^{+11}$$

其中，2^{10} 中指数 10 为二进制数，余同。

在计算机中一个浮点数由两部分构成：阶码和尾数，其中阶码是指数，尾数是纯小数。其存储格式如图 2-3 所示。

阶符	阶码	数符	尾数

图 2-3　浮点数的存储格式

阶码只能是一个带符号的整数，它用来指示尾数中的小数点应当向左或向右移动的位数，阶码本身的小数点约定在阶码最右面。尾数表示数值的有效数字，其本身的小数点约定在数符和尾数之间。在浮点数表示中，数符和阶符都各占一位，阶码的位数随数值表示的范围而定，尾数的位数则依数的精度要求而定。

应当注意：浮点数的正、负由尾数的数符确定，而阶码的正、负只决定小数点的位置，即决定浮点数的绝对值大小。

2.3　信息的存储和计算机字符的编码

2.3.1　信息的存储单位

位（bit）：音译为"比特"，是计算机数据存储的最小单位。

字节（Byte）：简写为"B"，是计算机处理数据的基本单位，1 字节（Byte）=8 个二进制位。

1 千字节：1 KB=1024B	1 兆字节：1 MB=1024KB
1 吉字节：1 GB=1024MB	1 太字节：1 TB=1024GB
1 拍字节：1 PB=1024TB	1 艾字节：1 EB=1024PB
1 泽字节：1 ZB=1024EB	1 尧字节：1 YB=1024ZB

2.3.2　字符的编码

如前所述，计算机中的信息都是用二进制编码表示的。用以表示字符的二进制编码称为字符编码。计算机中常用的字符编码有 EBCDIC 码和 ASCII（American Standard Code for Information Interchange）码。IBM 系列大型机采用 EBCDIC 码，微型计算机采用 ASCII 码。这里主要介绍 ASCII 码。标准 ASCII 码字符集如表 2-1 所示。

表 2-1 标准 ASCII 码字符集

十进制	十六进制	字符	十进制	十六进制	字符	十进制	十六进制	字符	十进制	十六进制	字符
0	00	NUL	32	20	SP	64	40	@	96	60	`
1	01	SOH	33	21	!	65	41	A	97	61	a
2	02	STX	34	22	"	66	42	B	98	62	b
3	03	ETX	35	23	#	67	43	C	99	63	c
4	04	EOT	36	24	$	68	44	D	100	64	d
5	05	ENQ	37	25	%	69	45	E	101	65	e
6	06	ACK	38	26	&	70	46	F	102	66	f
7	07	BEL	39	27	'	71	47	G	103	67	g
8	08	BS	40	28	(	72	48	H	104	68	h
9	09	HT	41	29	)	73	49	I	105	69	i
10	0A	LF	42	2A	*	74	4A	J	106	6A	j
11	0B	VT	43	2B	+	75	4B	K	107	6B	k
12	0C	FF	44	2C	,	76	4C	L	108	6C	l
13	0D	CR	45	2D	-	77	4D	M	109	6D	m
14	0E	SO	46	2E	.	78	4E	N	110	6E	n
15	0F	SI	47	2F	/	79	4F	O	111	6F	o
16	10	DLE	48	30	0	80	50	P	112	70	p
17	11	DC1	49	31	1	81	51	Q	113	71	q
18	12	DC2	50	32	2	82	52	R	114	72	r
19	13	DC3	51	33	3	83	53	S	115	73	s
20	14	DC4	52	34	4	84	54	T	116	74	t
21	15	NAK	53	35	5	85	55	U	117	75	u
22	16	SYN	54	36	6	86	56	V	118	76	v
23	17	ETB	55	37	7	87	57	W	119	77	w
24	18	CAN	56	38	8	88	58	X	120	78	x
25	19	EM	57	39	9	89	59	Y	121	79	y
26	1A	SUB	58	3A	:	90	5A	Z	122	7A	z
27	1B	ESC	59	3B	;	91	5B	[	123	7B	{
28	1C	FS	60	3C	<	92	5C	\	124	7C		
29	1D	GS	61	3D	=	93	5D	]	125	7D	}
30	1E	RS	62	3E	>	94	5E	^	126	7E	~
31	1F	VS	63	3F	?	95	5F	_	127	7F	Del

ASCII 码是美国信息交换标准码，被国际标准化组织指定为国际标准。国际通用的 7 位 ASCII 码是用 7 位二进制数表示一个字符的编码，其编码范围为 0000000B～1111111B，共有 $2^7=128$ 个不同的编码值，相应可以表示 128 个不同字符。表 2-1 中每个字符都对应一个数值，称为该字符的 ASCII 码值，用于在计算机内部表示该字符。如数字"0"的 ASCII 码

值为 48（30H），字母 "A" 的 ASCII 码值为 65（41H），"b" 的 ASCII 码值为 98（62H）等。常用字符的 ASCII 码值按从小到大的顺序依次为：空格、数字字符、大写字母字符、小写字母字符。从表 2-1 中可以看到：128 个编码中有 34 个控制符的编码（00H～20H 和 7FH）和 94 个字符编码（21H～7EH）。计算机内部用一个字节（8 个二进制位）存放一个 7 位 ASCII 码，最高位置 0。

2.3.3　汉字的编码

ASCII 码只对英文字母、数字和标点符号进行了编码。为了在计算机内表示汉字，用计算机处理汉字，同样需要对汉字进行编码。计算机对汉字信息的处理过程实际上是各种汉字编码间的转换过程。这些编码主要包括汉字输入码、汉字内码、汉字字形码、汉字地址码及汉字信息交换码等。下面分别介绍各种汉字编码。

1. 汉字信息交换码（国标码）

汉字信息交换码是用于汉字信息处理系统之间或汉字信息处理系统与通信系统之间进行信息交换的汉字代码，简称交换码，也称国标码。它是为使系统、设备之间信息交换时能够采用统一的形式而制定的。

我国的国家标准《信息交换用汉字编码字符集　基本集》（GB/T 2312—1980），即国标码。了解国标码的下列一些概念，对使用和研究汉字信息处理系统十分有益。

1）常用汉字及其分级

国标码规定了进行一般汉字信息处理时所用的 7445 个字符编码。其中有 682 个非汉字图形符号（如序号、数字、罗马数字、英文字母、日文假名、俄文字母、汉语拼音等）和 6763 个汉字的代码。汉字代码中又有一级常用字 3755 个，二级常用字 3008 个。一级常用字按汉语拼音字母顺序排列，二级常用字按偏旁部首排列，部首依笔画多少排序。

2）两个字节存储一个国标码

由于一个字节只能表示 $2^8=256$ 种编码，显然用一个字节不可能表示汉字的国标码，因此一个国标码必须用两个字节来表示。

3）国标码的编码范围

为了中英文兼容，国家标准 GB/T 2312—1980 规定，在国标码中，所有字符（包括符号和汉字）的每个字节的编码范围与 ASCII 码表中的 94 个字符编码相一致，所以，其编码范围是 2121H～7E7EH（共可表示 94×94 个字符）。

4）国标码表

类似于 ASCII 码表，国标码也有一张国标码表。简单地说，把 7445 个国标码放置在一个 94 行×94 列的阵列中。阵列的每一行称为一个汉字的区，用区号表示；每一列称为一个汉字的位，用位号表示。显然，区号范围是 1～94，位号范围也是 1～94。这样，一个汉字在表中的位置可用它所在的区号与位号来确定。一个汉字的区号与位号的组合就是该汉字的区位码。区位码的形式是：高两位为区号，低两位为位号。如"中"字的区位码是5448，即 54 区 48 位。区位码与每个汉字之间具有一一对应的关系。国标码在区位码表中的安排是：1～15 区是非汉字图形符区；16～55 区是一级常用字区；56～87 区是二级常用字区；88～94 区是保留区，可用来存储自造字代码。实际上，区位码也是一种输入法，其最大的优点是一字一码的无重码输入，最大的缺点是难以记忆。

2．汉字内码

汉字内码是为在计算机内部对汉字进行存储、处理而设置的汉字编码，它应能满足在计算机内部存储、处理和传输的要求。当一个汉字输入计算机后就转换为内码，然后才能在机器内传输、处理。汉字内码的形式多种多样。目前，对应于国标码，一个汉字的内码也用 2 个字节存储，并把每个字节的最高二进制位置"1"作为汉字内码的标识，以免与单字节的 ASCII 码产生歧义。也就是说，国标码的两个字节中每个字节最高位置"1"，即转换为内码。

3．汉字输入码

为将汉字输入计算机而编制的代码称为汉字输入码，也称外码。

目前汉字主要是经标准键盘输入计算机的，所以汉字输入码都由键盘上的字符或数字组合而成。例如，用全拼输入法输入"中"字，就要输入字符串"zhong"（然后选字）。汉字输入码是根据汉字的发音或字形结构等多种属性及有关规则编制的，目前流行的汉字输入码的编码方案已有许多，如全拼输入法、双拼输入法、自然码输入法、五笔字型输入法等，可分为音码、形码、音形结合码三大类。全拼输入法和双拼输入法是根据汉字的发音进行编码的，称为音码；五笔字型输入法根据汉字的字形结构进行编码，称为形码；自然码输入法是以拼音为主，辅以字形字义进行编码的，称为音形结合码。

可以想象，对于同一个汉字，不同的输入法有不同的输入码。例如，"中"字的全拼输入码是"zhong"，双拼输入码是"vs"，五笔字型输入码是"kh"。这些不同的输入码通过输入字典转换为国标码。

4．汉字字形码

在计算机中各种复杂的文字形状，都由一个特殊的设备——字形发生器来产生。表示汉字时，要考虑一种特殊的数据结构，一般称为字形表示——以图形方式存于计算机中，用于表示文字形状。目前汉字信息处理系统中大多以点阵的方式形成汉字。汉字字形码是指确定一个汉字字形点阵的编码，也称字模或汉字输出码。

汉字是方块字，将方块等分成 n 行 n 列的格子，简称为点阵。凡笔画所到的格子点为黑点，用二进制数"1"表示，否则为白点，用二进制数"0"表示。这样，一个汉字的字形就可用一串二进制数表示了。例如，16×16 汉字点阵有 256 个点，需要 256 个二进制位来表示一个汉字的字形码。这样就形成了汉字字形码，即汉字点阵的二进制数字化。图 2-4 是"中"字的 16×16 点阵字形示意图，图 2-5 是"中"字的 16×16 点阵字形码。

　　在计算机中，8 个二进制位组成一个字节，它是对存储空间编地址的基本单位。可见一个 16×16 点阵的字形码需要 16×16/8=32 字节存储空间；同理，24×24 点阵的字形码需要 24×24/8=72 字节存储空间；32×32 点阵的字形码需要 32×32/8=128 字节存储空间。例如，用 16×16 点阵的字形码存储"中国"两个汉字需占用 2×16×16/8=64 字节存储空间。

　　显然，点阵中行、列数划分得越多，字形的质量越好，锯齿现象也就越小，但存储汉字字形码所占用的存储空间也越大。汉字字形通常分为通用型和精密型两类，通用型汉字字形点阵分成 3 种：简易型（16×16 点阵）、普通型（24×24 点阵）、提高型（32×32 点阵）。

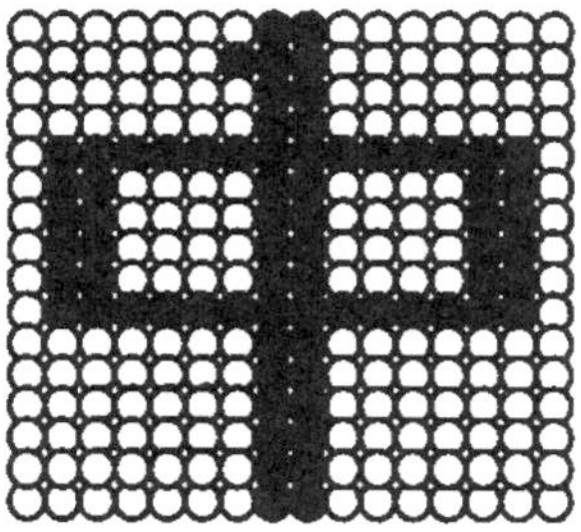

```
0000000110000000
0000001110000000
0000000110000000
0000000110000000
0111111111111110
0110000110000110
0110000110000110
0110000110000110
0110000110000110
0111111111111110
0000000110000000
0000000110000000
0000000110000000
0000000110000000
0000000110000000
0000000110000000
```

图 2-4　"中"字的 16×16 点阵字形示意图　　　　图 2-5　"中"字的 16×16 点阵字形码

　　精密型汉字字形用于常规的印刷排版，由于信息量较大（字形点阵一般在 96×96 点阵以上），通常采用信息压缩存储技术。

　　汉字的点阵字形在汉字输出时要经常使用，所以要把各个汉字的字形码固定地存储起来。存放各个汉字字形码的实体称为汉字库。为满足不同需要，还出现了各种各样的字库，如宋体字库、仿宋体字库、楷体字库、黑体字库和繁体字库等。

　　汉字的点阵字形的缺点是放大后会出现锯齿现象，很不美观。中文 Windows 下广泛采用 TrueType 类型的字形码，它采用数学方法来描述一个汉字的字形码。这种字形码可以实现无级放大而不产生锯齿现象。

【例 2-21】 一个 24×24 点阵的汉字字形码需要用_____字节存储它。

解：24×24÷8=72 字节

【例 2-22】 一幅 640 像素×480 像素的 256 色图像如果不压缩需要用_____KB 存储它。

解：256 色需要 8 位来存储，所以一幅 640 像素×480 像素的 256 色图像需要的存储空间大小为

640×480×8÷8=300KB

矢量式字形表示存储的是汉字字形的轮廓特征。将汉字分解成笔画，每种笔画使用一段段的直线（向量）近似地表示，这样每个字形都可以变成一连串的向量。

矢量表示法输出汉字时要经过计算机的计算，还原复杂，但可以方便地进行缩放、旋转等变换，与大小、分辨率无关，能得到美观、清晰、高质量的输出效果。Windows 操作系统中使用的 TrueType 技术就是汉字的矢量表示方式。

当需要显示或打印汉字时，由内部码通过输出字典找出字库中该汉字的存放地址，然后取出汉字的点阵信息送入输出缓冲区供显示或打印。

2.4 习题

一、填空题

1. 完成以下数制转换：

（1）$(100001.101)_2=($ $)_{10}$ （2）$(100.25)_{10}=($ $)_2$

（3）$(14.24)_8=($ $)_2$ （4）$(1010.11)_2=($ $)_8$

（5）$(10.C)_{16}=($ $)_2$ （6）$(101.101)_2=($ $)_{16}$

（7）$(0.3)_{10}=($ $)_2=($ $)_8=($ $)_{16}$

2. 将十进制数 256.675 转换为二进制数、八进制数和十六进制数分别为_____、_____、_____。

3. 1000 个 32×32 点的汉字字形码需要用_____KB 存储空间。

4. 一幅 1920 像素×1080 像素的 24 位图像如果不压缩需要用_____MB 存储空间。

二、单项选择题

1. 6 位无符号二进制数据表示的最大十进制整数是（   ）。

A．64   B．63   C．32   D．31

2．16 个二进制位可表示整数的范围是（　　）。

    A．0～65535   B．−32768～32767

    C．−32768～32768   D．−32768～32767 或 0～65535

3．下列一组数据中最大的数是（　　）。

    A．$(457)_8$ B．$(1C6)_{16}$

    C．$(100110110)_2$ D．$(367)_{10}$

4．十进制数 267 转换成八进制数是（　　）。

    A．326   B．410   C．314   D．413

5．下面几个不同进制的数中，最小的数是（　　）。

    A．二进制数 1001001   B．十进制数 75

    C．八进制数 37   D．十六进制数 A7

6．十进制小数 0.625 转换成八进制小数是（　　）。

    A．0.05   B．0.5   C．0.6   D．0.005

7．二进制数 10111101110 转换成八进制数是（　　）。

    A．2743   B．5732   C．6572   D．2756

8．八进制数 413 转换成十进制数是（　　）。

    A．324   B．267   C．299   D．265

9．在下列无符号十进制数中，能用 8 位二进制数表示的是（　　）。

    A．255   B．256   C．317   D．289

10．有一个数 152，它与十六进制数 6A 相等，那么该数是（　　）。

    A．十进制数   B．二进制数   C．四进制数   D．八进制数

11．十六进制数 FF.1 转换成十进制数是（　　）。

    A．255.625   B．250.1625   C．255.0625   D．250.0625

12．与十进制数 93 等值的二进制数是（　　）。

    A．11010011   B．1111001   C．1011100   D．1011101

13．下列字符中，其 ASCII 码值最大的是（　　）。

    A．9   B．D   C．a   D．y

14．下列叙述中，正确的是（　　）。

    A．字节通常用"bit"来表示

    B．目前广泛使用的 Pentium 处理器的字长为 5 字节

    C．计算机存储器中将 8 个相邻的二进制位作为一个单位，这个单位称为字节

    D．微型计算机的字长并不一定是字节的倍数

15．字符的 ASCII 编码在机器中的表示方法准确地描述应是（　　）。

    A．使用 8 位二进制代码，最低位为 1

B．使用 8 位二进制代码，最高位为 0

C．使用 8 位二进制代码，最低位为 0

D．使用 8 位二进制代码，最高位为 1

16．存储容量 1GB 等于（　　　）。

    A．1024B   B．1024KB   C．1024MB   D．128MB

17．数字字符 4 的 ASCII 码是十进制数 52，数字字符 9 的 ASCII 码为十进制数（　　　）。

    A．57   B．58   C．59   D．60

18．640KB 等于（　　　）字节。

    A．655360   B．640000   C．600000   D．64000

19．我国的国家标准 GB/T 2312—1980 用（　　　）位二进制数来表示一个汉字。

    A．8   B．16   C．4   D．7

20．一个字节包含（　　　）个二进制位。

    A．8   B．16   C．32   D．64

21．计算机中的字节是常用单位，它的英文名称是（　　　）。

    A．bit   B．byte   C．bout   D．baud

22．在计算机内部，一切信息的存储、处理和传送都使用（　　　）。

    A．EBCDIC 码   B．ASCII 码

    C．十六进制数   D．二进制数

23．汉字在计算机内以（　　　）码存储。

    A．内   B．拼音   C．五笔字型   D．输入

习题讲解第 2 章

第 3 章

计算机系统

3.1 计算机系统概述

3.1.1 图灵机

图灵机，又称图灵计算、图灵计算机，是由图灵提出的一种抽象计算模型。图灵机是现代计算机的计算模型。冯·诺依曼结构是图灵机的工程实现，也是现代计算机结构的基础。

图灵机的最大贡献是证明了有些问题是可以通过有限的、机械的步骤得以解决的，这类可以通过有限的、机械的步骤得以解决的问题是可计算的问题。现代计算机能够自动完成可计算问题的解决过程。

计算机系统由硬件（Hardware）系统和软件（Software）系统两大部分组成。

硬件是指肉眼看得见的机器部件，通常所看到的计算机会有一个机箱，里边有各种各样的电子元件，还有键盘、鼠标、显示器和打印机等，它们是计算机工作的物质基础。

软件是程序及有关文档的总称。程序是由一系列指令组成的，每条指令都能指挥机器完成相应的操作。当程序执行时，其中的各条指令就依次发挥作用，指挥机器按指定顺序完成特定的任务，把执行结果按照某种格式输出。

计算机系统是一个整体，既包括硬件又包含软件，两者缺一不可。计算机如果没有软件的支持，也就是在没有装入任何程序之前，被称为裸机，裸机是无法实现任何处理任务的。反之，若没有硬件设备的支持，软件也就失去了发挥作用的物质基础。计算机系统的软、硬件相辅相成，共同完成处理任务。计算机系统的组成示意图，如图 3-1 所示。

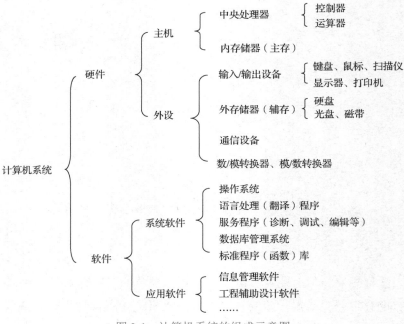

图 3-1　计算机系统的组成示意图

3.1.2　冯·诺依曼原型机的基本结构

1944 年 8 月，著名美籍匈牙利数学家冯·诺依曼与美国宾夕法尼亚大学莫尔电气工程学院的莫奇利小组合作，在他们研制的 ENIAC 基础上提出了一个全新的存储程序、程序控制的通用电子计算机方案，那就是 EDVAC 计算机方案。冯·诺依曼在方案中，总结并提出了如下 3 条思想：

（1）计算机的基本结构：计算机硬件应具有运算器、控制器、存储器（包括外存储器和内存储器）、输入设备和输出设备 5 个基本功能部件。图 3-2 表示了这 5 个基本功能部件的相互关系。

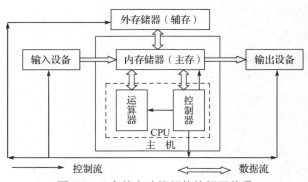

图 3-2　5 个基本功能部件的相互关系

（2）采用二进制：二进制只有"0"和"1"两个数码，它既便于硬件的物理实现又有简单的运算规则，故可简化计算机结构，提高计算机的可靠性和运算速度。

（3）存储程序、程序控制的工作原理：所谓存储程序，就是把程序和处理问题所需的数据以二进制编码的形式预先按一定顺序存放到计算机的存储器里。计算机运行时依次从存储器里逐条取出指令，执行一系列的基本操作，最后完成一个复杂的运算。存储程序使计算机的自动计算成为可能，是计算机与计算器及其他计算工具的本质区别。

从 1946 年第一台计算机诞生至今，计算机的结构和制造技术得到了很大发展，但依然没有脱离冯·诺依曼型计算机的基本思想。

3.1.3　总线结构

微型计算机的结构也遵循冯·诺依曼型计算机的基本思想。随着集成电路制作工艺的不断进步，大规模集成电路和超大规模集成电路出现了，它们把计算机的核心部件——运算器和控制器集成在一块集成电路芯片内。通常把含有运算器和控制器的集成电路称为微处理器。一般微型计算机由微处理器、存储器和输入/输出接口等集成电路组成，各部分之间通过总线连接，并实现信息交换，其总线结构图如图 3-3 所示。总线可分为地址总线（Address Bus）、控制总线（Control Bus）、数据总线（Data Bus）。

外设和总线连接必须通过接口电路。

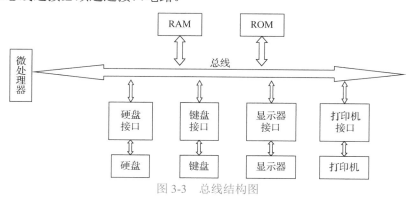

图 3-3　总线结构图

3.1.4　计算机的主要技术指标

计算机的性能涉及体系结构、软硬件配置、指令系统等，一般说来主要有下列技术指标。

1．字长

字长是指计算机运算部件一次能同时处理的二进制数据的位数。字长越长，计算机的运算精度就越高，数据处理能力就越强。通常，字长总是 8 的整数倍，如 8 位、16 位、32 位、64 位等。如苹果机为 8 位机，IBM PC/XT 与 286 机属于 16 位机，386 机与 486 机及奔腾机均属于 32 位机。

2．计算速度

计算机的速度可用时钟频率和运算速度两个指标评价。

计算机的运算速度通常是指每秒钟所能执行加法指令的数目，常用百万条指令/秒（Million Instructions Per Second，MIPS）来表示。这个指标能直观地反映机器的运算速度，但不常用。

时钟频率也称主频，它的高低在一定程度上决定了计算机速度的高低。主频以兆赫兹（MHz）为单位，一般来说，主频越高，速度越快。由于微处理器发展迅速，微型计算机的主频也在不断提高。

3．存储容量

存储容量包括主存容量（内存容量）和辅存容量，主要指内存容量（内存储器的容量）。显然，内存容量越大，机器所能运行的程序就越大，处理能力就越强。尤其是当前微型计算机应用多涉及图像信息处理，要求内存容量越来越大，甚至没有足够大的内存容量就无法运行某些软件。

【例 3-1】 内存地址从 A4000H 到 CBFFFH 共有几个存储单元？

解：CBFFFH−A4000H+1H=28000H=160KB　　（注意：容量=末地址−首地址+1）

此外，指令系统、性能价格比也是计算机的技术指标。

3.2 计算机硬件部件及其功能

3.2.1 主机

1．中央处理器

中央处理器（CPU）主要包括运算器（ALU）和控制器（CU）两大部件。它是计算机的核心部件。CPU 是一个体积不大而元器件集成度非常高、功能强大的芯片。计算机内所有操作都受 CPU 控制，所以它的品质直接影响整个计算机系统的性能。

CPU 和内存储器构成了计算机的主机，是计算机系统的主体。输入/输出（I/O）设备和外存储器统称为外部设备（简称外设），它们是人与主机沟通的桥梁。

CPU 的性能指标直接决定了由它构成的微型计算机系统的性能指标。CPU 的性能指标主要有字长和主频。字长表示 CPU 一次处理数据的能力，例如 80286 型号的 CPU 每次能处理 16 位二进制数据。

寄存器是中央处理器的组成部分。寄存器是有限存储容量的高速存储部件，它们可用来暂存指令、数据和地址。

2．存储器

存储器分为两大类：一类是设在主机中的内存储器，简称内存，也称主存储器，用于存放当前 CPU 要用的数据和程序，属于临时存储器；另一类是属于计算机外部设备的存储器，称为外存储器，简称外存，也称辅助存储器，外存中存放暂时不用的数据和程序，属于永久性存储器。

1）内存储器（内存）

二进制位（bit）是构成存储器的最小单位。实际上，存储器是由许多个二进制位的线性排列构成的。为了存取到指定位置的数据，通常将每 8 个二进制位组成一个存储单元，称为字节（Byte），并给每个字节编上一个号码，称为地址（Address）。根据指定地址存取数据，就像人们在旅馆中根据门牌号码找房间一样。因此，可将内存描述为由若干行组成的一个矩阵，每行就是一个存储单元（字节）且有一个编号，称为存储单元地址。每行中有 8 列，每列代表一个二进制位，它可存储一位二进制数（"0"或"1"）。图 3-4 给出了这种内存概念模型。

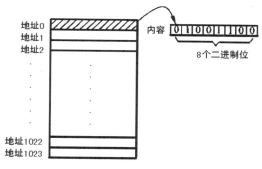

图 3-4　内存概念模型

内存分为随机存储器（Random Access Memory，RAM）和只读存储器（Read Only Memory，ROM）两类。

2）随机存储器

随机存储器（RAM）也称随机读写存储器。目前，计算机大都使用半导体 RAM。半导体 RAM 是一种集成电路，其中有成千上万个存储元件。依据存储元件结构的不同，RAM 又可分为静态 RAM（Static RAM，SRAM）和动态 RAM（Dynamic RAM，DRAM）。静态 RAM 利用触发器的两个稳态来表示所存储的"0"和"1"，这类存储器集成度低、价格高，但存取速度快，常用作高速缓冲存储器（Cache）。动态 RAM 则是用半导体器件中分布电容上有无电荷分布来表示"1"和"0"的，因为保存在分布电容上的电荷会随着电容的漏电而逐渐消失，所以需要周期性地给电容充电，称为刷新。这类存储器集成度高、价格低，但由于要周期性地刷新，因此存取速度慢，常作内存使用。

RAM 存储当前 CPU 使用的程序、数据、中间结果和与外存交换的数据，CPU 根据需要可以直接读/写 RAM 中的内容。RAM 有两个主要特点；一是其中的信息随时可以读出或写入；二是加电使用时其中的信息会完好无损，一旦断电（关机或意外掉电），RAM 中存储的数据就会消失，而且无法恢复。由于 RAM 的这一特点，也称它为临时存储器。

3）只读存储器

只读存储器（ROM），顾名思义，对它只能进行读出操作而不能进行写入操作。ROM 中的信息是在制造时用专门设备一次写入的。ROM 常用来存放固定不变、重复执行的程序，如存放汉字库、各种专用设备的控制程序等。ROM 中存储的内容是永久性的，即使关机或掉电也不会消失。随着半导体技术的发展，已经出现了多种形式的 ROM，如可编程的 ROM（Programmable ROM，PROM）、可擦除可编程的 ROM（Erasable Programmable ROM，EPROM）及掩膜型 ROM（Masked ROM，MROM）等。它们需要特殊的手段来改变其中的内容。

4）高速缓冲存储器

高速缓冲存储器（Cache）是存在于内存与 CPU 之间的一级存储器，由静态存储芯片组成，容量比较小但存取速度比内存高得多，接近于 CPU 的速度。

3.2.2 外设

1. 外存储器

在计算机发展过程中曾出现许多种外存，目前常用的有磁盘、磁带和光盘等。与内存相比，这类存储器的特点是存储容量大、价格较低，而且在断电的情况下可以长期保存信息，所以又称为永久性存储器。

1）磁表面存储器的存储原理

磁盘、磁带都是在金属或塑料片上涂一层磁性材料制成的，二进制信息就记录在这层材料的表面，这样的存储器称为磁表面存储器。

2）磁盘的结构及容量的计算

磁盘是人们对磁盘存储器的简称，也是对磁盘片的简称。实际上磁盘存储器包括磁盘驱动器、磁盘控制器和磁盘片三部分，这里只讨论磁盘片。为能在磁盘上的指定区域读写数据，必须将磁盘片划分为若干个有编号的区域。为此，将磁盘记录区划分为若干个记录信息的同心圆，称为磁道，如图 3-5 所示。磁道从外向内依次编号，例如 5.25 英寸低密磁盘片有 40 条磁道，则最外一条磁道为 0 磁道，最里面的一条磁道为 39 磁道。每条磁道又分为若干扇区。每个磁盘片有两个盘面，也称记录面，记录面也依次编号为 0 面和 1 面。经过这样的约定后，就可用 n 记录面、i 磁道、j 扇区所表示的盘面地址去找到磁盘上相应的记录区。扇区是磁盘地址的最小单位，各扇区可记录等量的数据，一般每个扇区的容量是 512 字节。外存与主机交换信息就是以扇区为单位进行的。

了解磁盘的结构之后就不难理解磁盘容量的计算公式了。其计算公式为

容量＝磁道数×扇区数×扇区内字节数×面数×磁盘片数

以 5.25 英寸低密软盘为例，它有 40 条磁道，每条磁道有 9 个扇区，每个扇区的容量是 512 字节，磁盘两面都可记录数据，故其容量为 40×9×512×2=360×1024B=360KB。

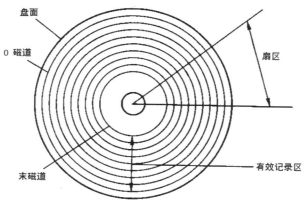

图 3-5　磁道结构示意图

3）软盘

磁盘分为软磁盘和硬磁盘两大类，分别简称软盘和硬盘。就物理盘片而言，软盘和硬盘的盘片结构是相同的。软盘目前已经不常用了，图 3-6 所示是 3.5 英寸软盘及其驱动器。

图 3-6　3.5 英寸软盘及其驱动器

4）硬盘

硬盘由一组盘片组成。目前常用的是温彻斯特（Winchester）硬盘，简称温盘，它是一种磁头可移动（磁头可以在磁盘上径向移动）、盘片固定的磁盘存储器，如图 3-7 所示。温盘的主要特点是将盘片、磁头、电动机驱动部件乃至读写电路等做成一个不可随意拆卸的整体，并密封起来，所以防尘性能好、可靠性高，对环境要求不高。硬盘可用作大型计算机、小型计算机和微型计算机的外存。

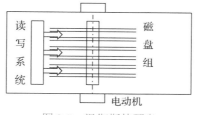

图 3-7　温彻斯特硬盘

5）光盘

光盘是一种新型的大容量外存，呈圆盘状，与磁盘类似，需要有驱动器配合使用。但它不是用电磁转换的机制读写信息的，而是用光学的方式读写信息的。光盘具有存储容量大，便于携带，读写速度较快（但比硬盘慢）的特点。光盘驱动器（简称光驱）是用来读取光盘的设备。光盘有只读光盘（CD-ROM）、可读写光盘（CD-RW）、一次写只读光盘（CD-R）等。

数据传输速率是 CD-ROM 光驱基本的性能指标。最早出现的 CD-ROM 的数据传输速率只有 150KB/s，当时有关国际组织将该速率定为单速，随后出现的光驱速度与单速存在倍率关系，比如 2 倍速光驱，其数据传输速率为 300KB/s，4 倍速光驱的数据传输速率为 600KB/s，8 倍速光驱的数据传输速率为 1200KB/s，12 倍速光驱的数据传输速率已达到 1800KB/s，以此类推。图 3-8 所示为光盘及其驱动器。

图 3-8　光盘及其驱动器

6）移动存储器

由于软盘存储容量较小，且容易损坏，已经被其他的可移动的存储器取代，那就是 U 盘（USB Flash Disk，也称为闪存盘）和移动硬盘。

（1）U 盘：采用可读写、非易失的半导体存储器——闪速存储器（Flash Memory）作为存储媒介，通过通用串行总线接口（USB）与主机相连，可以像使用软盘一样在该盘上读写、传送文件；可擦写次数都在 100 万次以上，数据至少可以保存 10 年，而存取速度至少比软盘快 15 倍；容量为 16MB～8GB；可靠性远高于磁盘，对于数据安全性提供了更好的保障；工作时也不需外接电源，可热插拔，体积较小，易于携带，还有抗震防潮、耐高低温等特点。

刚问世时，根据不同的品牌、型号和操作系统，不同的 U 盘在使用前必须安装相应的驱动程序，但在 Windows Me 及以上的操作系统中，因驱动程序已事先置入，故不需要另外安装。如果 U 盘因数据出错而不能正常工作，则重新格式化后就可恢复使用。

（2）移动硬盘：虽然 U 盘具有性能高、体积小等优点，但对需存储大量数据的情况，其存储容量就不能满足要求，这时可使用另外一种容量更大的移动硬盘，即采用 USB 接口的 USB 硬盘。

用一个带有 USB 接口的硬盘盒，一个小巧的笔记本电脑专用移动式硬盘，再加一根 USB 接口线，就可构成即插即用的 USB 硬盘。采用笔记本电脑硬盘的原因是其具有良好的抗震性能且体积较小。现在市面上的 USB 硬盘容量为 10GB～4TB。这类移动硬盘的使用方法与 U 盘类似。

目前，最新的 USB 3.0 接口的理论数据传输速率为 400MB/s，比 USB2.0 接口的数据传输速率快将近 10 倍。但是利用 USB 接口进行数据传输的速率与硬盘相比还是较低。图 3-9 是 U 盘和移动硬盘示意图。

图 3-9　U 盘和移动硬盘示意图

7）计算机存储体系

图 3-10 所示是计算机存储体系，该体系呈金字塔状，从上到下，速度越来越慢，容量越来越大，单位成本越来越低。

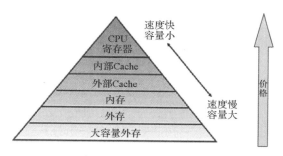

图 3-10　计算机存储体系

2. 输入设备

输入是指利用某种设备将数据转换成计算机可以接收的编码的过程，所使用的设备称为输入设备。现在输入设备的种类很多。这里仅介绍目前常用的两种输入设备：键盘和鼠标。

（1）键盘：键盘是计算机常用的输入设备，也是标准输入设备。

（2）鼠标：是一个形状像老鼠的塑料盒子，其上有两（或三）个按键，当它在平板上滑动时，屏幕上的鼠标指针也跟着移动。它不仅可用于光标定位，还可用来选择菜单、命令和文件，能减少击键次数，简化操作过程。

（3）其他输入设备。

键盘和鼠标是微型计算机常用的输入设备，此外，还有数字化仪、图形扫描仪、条形码阅读器、光学字符阅读器（OCR）、触摸屏、声音输入设备和手写输入设备等。

数字化仪是一种计算机输入设备，它能将各种图形根据坐标值准确地输入计算机，并能通过屏幕显示出来。

图形扫描仪是一种图形、图像输入设备，它可以直接将图形、图像、照片或文本输入计算机中。

条形码阅读器是一种能够识别条形码的扫描装置，可连接到计算机上使用。当条形码阅读器从左向右扫描条形码时，就把不同宽窄的黑白条纹翻译成相应的编码供计算机使用。许多自选商场和图书馆都用它管理商品或图书。

光学字符阅读器（OCR）是一种快速字符阅读设备。它是由许多光电管排成一个矩阵构成的，当光源照射被扫描的一页文件时，文件中空白的部分会反射光线，使光电管产生一定的电压；而有字的部分则把光线吸收掉，光电管不产生电压。这些有、无电压的信息组合成一个图案，并与OCR系统中预先存储的模板进行匹配，若匹配成功就可确认该图案是何种字符。有些机器一次可阅读一整页的文件，称为读页机，有的则一次只能读一行。

目前，市场上出现的汉字语音输入设备和手写输入设备使汉字输入变得更为方便，免去了计算机用户学习汉字输入法的烦恼，但语音或手写汉字输入设备的识别率和输入速度还有待提高。

3. 输出设备

输出设备的任务是将信息传送到CPU之外的介质上，下面介绍打印机和显示器等常用输出设备。

1）打印机

打印机是计算机目前常用的输出设备。

按打印机印字过程所采用的方式，可将打印机分为击打式打印机和非击打式打印机两种。击打式打印机利用机械动作将印刷活字压向打印纸和色带进行印字。由于击打式打印机依靠机械动作实现印字，因此工作速度不快，并且工作时噪声较大。非击打式打印机种类繁多，有静电式打印机、热敏式打印机、喷墨式打印机和激光打印机等，印字过程无机械击打动作，速度快，无噪声。这类打印机已广泛应用于各类场景。

按字符形成的过程，可将打印机分为全字符打印机和点阵打印机。全字符打印机的字符通过击打成形。点阵打印机的字符以点阵形式出现，所以点阵打印机可以打印特殊字符（如汉字）和图形。

击打式打印机有全字符打印机和点阵打印机之分，非击打式打印机一般为点阵打印机，印字质量的高低取决于组成字符的点数。

按工作方式，可将打印机分为串行打印机和行式打印机。串行打印机是逐字打印成行的。行式打印机则一次输出一行，故比串行打印机速度要快。此外，还有彩色打印机。

目前使用较多的是击打式点阵打印机、喷墨打印机和激光打印机，如图3-11所示。

- 击打式点阵打印机：击打式点阵打印机主要由打印头、运载打印头的装置、色带装置、输纸装置和控制电路等几部分组成。打印头是点阵打印机的核心部分，对打印速度、印字质量等性能有决定性影响。常用的点阵打印机有9针的、24针的，常用于票据打印场合。

- 喷墨打印机：喷墨打印机属于非击打式打印机，近年来发展较快。工作时，喷嘴朝着打印纸不断喷出带电的墨水雾点，当它们穿过两个带电的偏转板时受到控制，然后落在打印纸的指定位置上，形成正确的字符。喷墨打印机可打印高质量的文本和图形，还能进行彩色打印，而且无噪声。但喷墨打印机要经常更换墨盒，增加了日常消费。

- 激光打印机：激光打印机也属于非击打式打印机，工作原理与复印机相似。简单说来，它将来自计算机的数据转换成光，射向一个带正电旋转的鼓。这样鼓上被照射的部分便带上负电，并能吸引带色粉末。鼓与纸接触再把粉末印在纸上，接着在一定压力和温度的作用下熔结在纸的表面。激光打印机是一种新型高档打印机，打印速度快，印字质量高，常用来打印正式公文及图表。当然，其价格比前两种打印机要高，而且三者相比，激光打印机打印质量最高，但打印成本也最高，常用于办公资料打印场合。

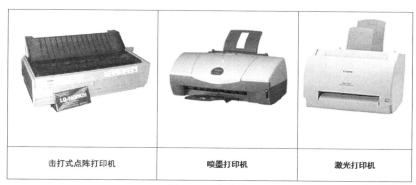

| 击打式点阵打印机 | 喷墨打印机 | 激光打印机 |

图 3-11　打印机

2）显示器

显示器是另一类重要的输出设备，也是人机交互必不可少的设备。显示器用于微型计算机或终端，可显示多种不同的信息。

（1）显示器的分类。

可用于计算机的显示器有许多种，常用的有阴极射线管（CRT）显示器、液晶显示器（LCD）和等离子显示器。阴极射线管显示器多用于普通台式机或终端，液晶显示器和等离子显示器为平板式的，体积小、质量轻、功耗少，目前主要用于笔记本电脑，将来有取代阴极射线管显示器的趋势。

显示器还可以根据其他的方法分类，例如：

显示器根据显示的内容可分为字符显示器（只能显示字符）和图形显示器（能显示字符和图形）。

显示器根据显示的颜色可分为黑白显示器（只能显示黑色、白色或琥珀色）和彩色显示器（可以显示多种颜色）。

（2）显示器的主要指标。

尺寸：显示器的尺寸即显示器屏幕的大小，从 14 英寸、15 英寸、17 英寸、19 英寸到现在常见的 23 英寸、27 英寸、31 英寸甚至曲面屏、带鱼屏等定制尺寸。尺寸越大，支持的分辨率往往也越高，显示效果也越好，价格也越贵。

分辨率：显示器的分辨率是指显示器屏幕能显示的像素数目。目前低档显示器的分辨率为 800 像素×600 像素，中、高档显示器的分辨率为 1024 像素×768 像素、1280 像素×1024 像素、1600 像素×1200 像素、1920 像素×1080 像素（1080P）、2048 像素×1080 像素（2K）、3840 像素×2160 像素（4K）或更高。随着显示器技术和人体工程学的发展，显示器的显示比例从过去的 4∶3 逐步发展为现在更常见的 16∶9 和 16∶10。分辨率越高，显示的图像越细腻。

点距：显示器的点距是指显示器上相邻两个像素之间的距离，一般点距在 0.23mm 左右基本能消除显示器的颗粒感。老式显示器常见的点距主要为 0.28mm 和 0.26mm 两种，23 英寸的 1080P 显示器的点距为 0.27mm，27 英寸的 2K 显示器的点距缩小到 0.23mm，31 英寸的 4K 显示器的点距仅为 0.18mm。点距越小，显示器的分辨率越高，对显示器的制造工艺要求更高。对图形、图像处理等对显示、色彩要求较高的应用，一般要求使用点距较小的显示器。

扫描方式：CRT 显示器的扫描方式有逐行扫描和隔行扫描两种。逐行扫描是指在显示一屏内容时，逐行扫描屏幕上的每一个像素。隔行扫描是指在显示一屏内容时，只扫描偶数行或奇数行。逐行扫描的显示器显示的图像稳定，清晰度高，效果好。

刷新频率：CRT 显示器的刷新频率是指 1 秒钟刷新屏幕的次数。目前显示器常见的刷新频率有 60Hz、75Hz、85Hz、100Hz 等几种。刷新频率越高，刷新一次所用的时间越短，显示的图像越稳定。

（3）显卡。

显卡是主机与显示器之间的接口电路，又称为显示适配器。显卡直接插在系统主板的总线扩展槽上，它的主要功能是将要显示的字符或图形的内码转换成图形点阵，并与同步信息形成视频信号，输出给显示器。有的主板集成了视频接口电路，不需要外插显卡。

显卡有 VGA 卡、SVGA 卡、AGP 卡和 PCI Express 卡等多种类型。目前微型计算机上常用的显卡有 AGP 卡和 PCI Express 卡。

显卡有以下 3 项主要指标：

色彩数：色彩数是指显卡能支持的最多的颜色数，显卡的色彩数一般有 64K、16M、4G 等几种。

图形分辨率：图形分辨率是指显卡能支持的最大的水平像素数和垂直像素数。AGP 卡的图形分辨率至少是 640 像素×480 像素，还有 800 像素×600 像素、1024 像素×768 像素、1280 像素×1024 像素、1600 像素×1200 像素和更高的 1080P、2K、4K 甚至 8K 等多种。

显卡内存容量：显卡内存容量是指在显卡上配置的显示内存的大小，从过去的 64MB、256MB、512MB、1GB、2GB 到现在的 6GB、12GB、24GB 等。显示内存容量影响显卡的色彩数和图形分辨率。

3）投影设备

现在已经有不少设备能够把计算机屏幕的信息同步地投影到更大的屏幕上，以便使更多的人可以看到屏幕上的信息。有一种称为投影板的设备，体积较小，价格较低。它采用 LCD 技术，设计成可以放在普通投影仪上的形状。另一种同类设备是投影机，体积较大，价格较高。它采用类似大屏幕投影电视设备的技术，将红、绿、蓝三种颜色聚焦在屏幕上，可供更多人观看，常用于教学、会议和展览等场合。

4）绘图仪

绘图仪是能按照人们要求自动绘制图形的设备。它可将计算机的输出信息以图形的形式输出。绘图仪主要可绘制各种管理图表和统计图、大地测量图、建筑设计图、电路布线图、各种机械图与计算机辅助设计图等。投影设备和绘图仪如图 3-12 所示。

图 3-12　投影设备和绘图仪

5）声卡

声卡是多媒体计算机的重要组成部件，是实现音频与数字信号转换的部件。各种游戏、VCD、音乐效果都通过声卡来体现。声卡主要用于声音的录制、播放和修改，或者播放 CD 音乐、乐曲文件等。所以，它既是声音的输出设备，也是声音的输入设备，一般它插在主板的 PCI 插槽中，现在的微型计算机主板绝大部分已集成了声卡。

3.2.3　其他设备

1. 电源

电源也称为电源供应器，提供了计算机正常运行时所需要的动力，是计算机运行的保障。

UPS，即不间断电源，主要用于给单台计算机、计算机网络系统或其他电力电子设备提供稳定、不间断的电力。当市电输入正常时，UPS 将市电稳压后供给负载使用，此时的 UPS

就是一台交流市电稳压器，此外，它还给机内电池充电；当市电中断（事故停电）时，UPS立即将电池输出的直流电通过逆变零切换的方法变换成交流电，向负载继续供应 220V 交流电，使负载正常工作并保护负载软、硬件不受损坏。

2．主板

主板（见图 3-13）是微型计算机系统中最大的一块电路板。微型计算机通过主板将 CPU等各种器件和外设有机地结合起来形成一套完整的系统。

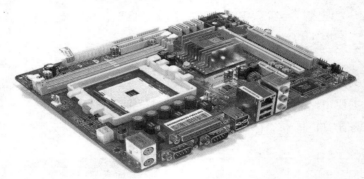

图 3-13　主板

3.3 计算机软件系统

计算机之所以能够按照人们的安排自动运行，是因为存储程序和程序控制。软件系统一般指为计算机运行服务的全部技术和各种程序。软件系统由系统软件和应用软件两大部分组成。软件是计算机系统的重要组成部分，没有软件，计算机就无法工作。通常我们把不安装任何软件的计算机称为裸机。计算机软件是指在计算机硬件上运行的各种程序和有关的文档资料。在计算机技术的发展过程中，计算机软件伴随计算机硬件的发展而发展，反过来，软件的不断发展与完善，又促进了硬件的发展。简单地说，程序就是计算机指令序列。本节将对计算机指令、程序和程序设计语言及系统软件等做简要的介绍。

3.3.1 计算机指令及程序

指令（Instruction）就是给计算机下达的一道命令，它告诉计算机每一步要进行什么操作，参与此项操作的数据来自何处，操作结果又将送往哪里。所以，一条指令必须包括操作码（命令动词）和操作数（命令对象或称地址码）两部分，操作码指出该指令完成操作的类型，操作数指出参与操作的数据和操作结果存放的位置。一条指令完成一个简单的操作，一个复杂的操作由许多简单的操作组合而成。通常，一台计算机能够完成多种类型的操作，而且允许使用多种方法表示操作数的地址。因此，一台计算机可能有多种多样的指令，这些指令的集合称为该计算机的指令系统。

所谓程序，就是用程序设计语言描述的、用于控制计算机完成某一特定任务的程序设计语言语句的集合。语句是程序设计语言中具有独立逻辑含义的单元，它可以分解为一条计算机指令，也可以分解为若干条计算机指令。人们通过编写程序来发挥计算机的优势，从而解决各种问题。

3.3.2　程序设计语言

人类交流需要使用相互理解的语言，人类与计算机交互也要使用相互理解的语言，以便人类把意图告诉计算机，而计算机则把工作结果告诉人类。人们把同计算机交流的语言称为程序设计语言。程序设计语言通常分为机器语言、汇编语言和高级语言三类。

1. 机器语言

每种型号的计算机都有自己的指令系统，称为机器语言（Machine Language），每条指令都对应一串二进制代码。机器语言是计算机唯一能够识别并直接执行的语言，比如 1001 表示加、1010 表示减等。所以与其他程序设计语言相比，机器语言执行速度最快，执行效率最高。

用机器语言编写的程序称为机器语言程序。机器语言中每条语句都是一串二进制代码，可读性差、不易记忆；编写程序既难又繁，容易出错；程序的调试和修改难度也很大，总之，机器语言不易掌握和使用。此外，因为机器语言直接依赖于机器，所以在某种类型的计算机上编写的机器语言程序不一定能被另一类计算机识别，可移植性差，造成程序成本过高，不易普及。

2. 汇编语言

由于机器语言的缺点，人类试图改进程序设计语言，使之便于编写和维护。20 世纪 50 年代初，出现了汇编语言（Assemble Language）。汇编语言用较容易识别、记忆的助记符号代替相应的二进制代码串。所以汇编语言也称为符号语言。下面就是几条 Intel 80x86 的汇编语句：

ADD　AX，BX　　表示（BX）+（AX）→AX，即把寄存器 AX 和 BX 中的内容相加，结果送到 AX 中。

SUB　AX，NUM1 表示（AX）- NUM1→AX，即把寄存器 AX 中的内容减去数 NUM1，结果送到 AX 中。

MOV　AX，NUM1 表示 NUM1→AX，即把数 NUM1 送到寄存器 AX 中。

汇编语言和机器语言的性质是一样的，只是用较容易识别、记忆的助记符号代替相应的二进制代码串，即在表示方法上做了改进。汇编语言仍然是一种依赖于机器的语言，可移植性差。

汇编语言是符号化了的机器语言，与机器语言相比较，汇编语言在编写、修改和阅读程序等方面都更方便。用汇编语言编写的程序称为汇编语言源程序，计算机不能直接识别和执行它，必须先把汇编语言源程序翻译成机器语言程序（称为目标程序），然后才能执行。这个翻译过程是由事先存放在机器里的汇编程序完成的，称为汇编过程（见图 3-14）。

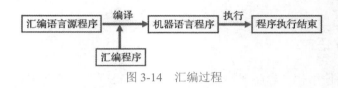

图 3-14　汇编过程

3. 高级语言

显然，汇编语言比机器语言用起来方便多了，但汇编语言与人类自然语言或数学公式还相差甚远。到了 20 世纪 50 年代中期，人们又创造了高级语言。所谓高级语言，是指用接近于自然语言的表达各种意义的"词"和常用的"数学公式"，按照一定的语法规则编写程序的语言，也称高级程序设计语言或算法语言。这里的"高级"，是指这种语言与自然语言和数学公式相当接近，而且不依赖于计算机的型号，通用性好。高级语言的使用，大大提高了编写程序的效率，改善了程序的可读性、可维护性、可移植性。

用高级语言编写的程序称为高级语言源程序。计算机是不能直接识别和执行高级语言源程序的，要用翻译的方法把高级语言源程序翻译成等价的机器语言程序（称为目标程序）才能执行。

把高级语言源程序翻译成机器语言程序的方式有解释和编译两种，如图 3-15 所示。早期的 BASIC 语言采用"解释"方式，即采用解释一条 BASIC 语句，执行一条语句的边解释边执行的方式，效率比较低。目前流行的高级语言如 FORTRAN、PASCAL、C、C++等都采用编译的方式。它用相应语言的编译程序先把源程序编译成机器语言的目标程序，再把目标程序和各种标准库函数连接成一个完整的可执行的机器语言程序，然后才能执行。

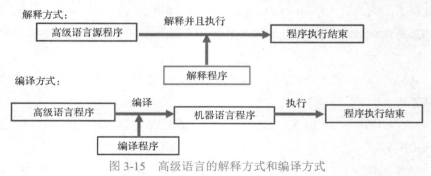

图 3-15　高级语言的解释方式和编译方式

3.3.3　系统软件

系统软件是控制计算机系统并协调管理软硬件资源的程序，其主要功能包括：启动计算机，存储、加载和执行应用程序，对文件进行排序、检索，将程序语言翻译成机器语言等。实际上，系统软件可以看作用户与硬件系统的接口，它为应用软件和用户提供了便于控制、访问硬件的手段，使用户和应用软件不必了解具体的硬件细节就能操作计算机或开发程序。这些功能主要由操作系统完成。此外，语言处理系统和数据库管理系统也属于系统软件，它们从另一方面辅助用户使用计算机。

1．操作系统

操作系统（Operating System）是用户使用计算机的界面，是位于底层的系统软件，其他系统软件和应用软件都是在操作系统上运行的。其主要功能有处理器管理、存储管理、设备管理、文件管理和作业管理等。常用的操作系统有 DOS、Windows、UNIX、XENIX、Linux、OS/2、macOS、Solaris 等。

2．语言处理系统

语言处理系统随被处理的语言及其处理方法和处理过程的不同而异。不过，任何一个语言处理系统通常都包含一个翻译程序，它把一种语言的程序翻译成等价的另一种语言的程序。被翻译的语言和程序分别称为源语言和源程序，翻译生成的语言和程序分别称为目标语言和目标程序。编译系统本身是一组程序，它是人们为了便于使用计算机而开发的系统软件。

3．数据库管理系统

数据库管理系统（Data Base Management System，DBMS）是用于管理数据库的软件系统。DBMS 为各类用户或有关的应用程序提供了访问与使用数据库的方法，包括建库、存储、查询、检索、恢复、权限控制、增加、修改、删除、统计、汇总和排序分类等。

数据库技术是计算机技术中发展最快、应用最广的一个分支。在信息社会中，计算机应用开发离不开数据库。因此，了解数据库技术，尤其是微型计算机环境下的数据库应用是非常必要的。

3.3.4　应用软件

为解决各类实际问题而设计的程序称为应用软件。根据其服务对象，应用软件又可分为通用软件和专用软件两类。

1．通用软件

这类软件通常是为解决某一类问题而设计的，而这类问题是很多人都会遇到的。通用软件有文字处理软件和电子表格等。

（1）文字处理软件。用计算机撰写文章、书信、公文并进行编辑、修改、排版和保存的过程称为文字处理。国产的文字处理软件 WPS 和由微软公司开发、广泛应用于 Windows 系统下的 Word 等，都是典型的文字处理软件。

（2）电子表格。电子表格可用来记录数值数据，并对其进行常规计算。像文字处理软件一样，它也有许多比传统账簿和计算工具先进的功能，如快速计算、自动统计、自动造表等。Windows 系统下的 Excel 软件就属此类。

2. 专用软件

上述的通用软件或软件包，在市场上可以买到。但有些具有特殊要求的软件是无法买到的。如某个用户希望对其单位保密档案进行管理，另一个用户希望有一个程序能自动控制车间里的车床，同时将其与上层事务性工作集成起来统一管理等。因为它们相对于一般用户来说过于特殊，所以只能组织人力到现场调研后开发。当然开发出的这种软件也只适用于这种情况。

综上所述，计算机系统由硬件系统和软件系统组成，两者缺一不可。而软件系统又由系统软件和应用软件组成。操作系统是系统软件的核心，在每个计算机系统中是必不可少的，其他的系统软件，如语言处理系统可根据不同用户的需要配置不同的程序语言编译系统。考虑到各用户的需要不同，可以配置不同的应用软件。

3.3.5 文件管理

1. 文件

为了区分不同的文件，必须给每个文件命名，计算机对文件实行按名存取的操作方式。文件名是文件的标识，操作系统根据文件名来对其进行控制和管理。

DOS 操作系统规定文件名由文件主名和扩展名组成，文件主名由 1～8 个字符组成，扩展名由 1～3 个字符组成，主名和扩展名之间由一个小圆点隔开，一般称为 8.3 规则。文件主名和扩展名可以使用的字符是：英文字母 A～Z（大小写等价），数字 0～9，汉字，特殊符号 $、#、&、@、()、-、[]、^、~等；空格符、各种控制符和下列字符不能用在文件名中：/、\、<、>、*、?，因为这些字符已做他用。

Windows 突破了 DOS 对文件命名规则的限制，允许使用长文件名，其主要命名规则如下：

（1）文件名最长可以使用 255 个字符。

（2）可以使用扩展名，扩展名用来表示文件类型，也可以使用多间隔符的扩展名。如 win.ini.txt 是一个合法的文件名，但其文件类型由最后一个扩展名（txt）决定。

（3）文件名中允许使用空格，但不允许使用下列字符（英文输入法状态）：<、>、/、\、|、:、"、*、?。

（4）Windows 系统对文件名中字母的大小写在显示时有不同，但在使用时不区分大小写。

2．常见文件扩展名

.bat：批处理文件。Autoexec.bat 为自动批处理文件，它是特殊的批处理文件。

.exe：可执行的程序文件，与 COM 内部结构不相同，最突出的是长度没有限制。

.com：可执行的二进制代码系统程序文件，特点是非常短小精悍，对长度有限制。

.bak：备份文件。

.tmp：临时文件。

.sys：系统配置文件，最典型的如 config.sys，一般可以用 EDIT 进行编辑。

.obj：目标文件，其中为源程序编译输出的目标代码。

.arj、.rar、.zip：软件压缩的文件，它的压缩比较高。

.bas：BASIC 中的源程序文件。

.c：C 语言的源程序文件。

.cpp：C++语言的源程序文件。

.txt：纯文本格式文件，可以利用记事本等任何字处理程序打开，对它显示和编辑。

.wps：文档文件，是由著名国产软件 WPS 生成的。

.doc、.docx：文档文件，是由软件 Microsoft Word 生成的。

.xls、.xlsx：电子表格文件，是由软件 Microsoft Excel 生成的。

.dll：Windows 系统下应用程序中的动态链接库文件。

.wav：Windows 所使用的标准数字音频文件，也称波形文件，是常用的声音文件。

.mp2、.mp3：当前流行的音乐文件。

.mid：是乐器数字接口文件。.mid 文件最受人青睐的是所占空间小。

.bmp：是 Windows 所使用的基本位图格式文件，是小画笔就能轻松创建的文件。

.pcx：是微型计算机上使用广泛的图像文件，能表现真彩图像。

.gif：.gif 在网页中占有独一无二的地位，美中不足的是颜色最多为（256 色）8 位，与其他图像文件相比，.gif 高人一招，它是唯一可以存储动画的图像文件。

.psd、.pdd：位图文件，为 Adobe Photoshop 软件直接生成的图像文件。

.jpg、.jpe：原是 Apple Mac 机器上使用的一种图像文件，现在在 PC 上应用广泛。由于其压缩比可以调节，而且失真小，因此无论在网络上还是在图像处理上，应用都很广泛。

.3ds：矢量文件，为 3D Studio 的动画原始图形文件。

.avi：视频与音频交错文件，它将视频、音频交错混合在一起。

.mpg：视频文件，PC 上的全屏幕活动视频的标准文件。

.mov：视频影像，采用有损压缩方法，比.avi 画面质量要好一些。

.htm：超文本文件。

3.4 习题

一、填空题

1. 计算机内存容量为 4KB，配置的首地址为：6800H，则其末地址是_____。

2. 内存地址从 A4000H 到 CBFFFH 共有_____个存储单元。

3. 一般把软件分为_____和_____两大类。

二、单项选择题

1. 完整的计算机硬件系统一般包括外部设备和（　　）。

　　A. 内存　　　　　B. 主机　　　　　C. ROM　　　　　D. 硬盘

2. MIPS 常用来描述计算机的运算速度，其含义是（　　）

　　A. 每秒钟处理百万个字符　　　　　B. 每分钟处理百万个字符

　　C. 每秒钟处理百万条指令　　　　　D. 每分钟处理百万条指令

3. 对字长为 32bit 的计算机，能作为一个整体传送的数据长度为（　　）个字节。

　　A. 1　　　　　　B. 4　　　　　　C. 2　　　　　　D. 8

4. 计算机存储容量的单位通常是（　　）。

　　A. 块　　　　　B. 比特　　　　　C. 字节　　　　　D. 字长

5. 计算机的硬件系统由（　　）组成。

　　A. 控制器、显示器、打印机、主机、键盘

　　B. CPU、主机、显示器、打印机、硬盘、键盘

　　C. 控制器、运算器、存储器、输入/输出设备

　　D. 主机箱、集成块、显示器、电源、键盘

6. 微型计算机的内存主要包括（　　）。

　　A. RAM、ROM　　　　　　　　　B. SRAM、DROM

　　C. PROM、EPROM　　　　　　　　D. CD-ROM、DVD

7. 在计算机操作过程中，断电后信息就消失的是（　　）。

　　A. ROM　　　　　B. RAM　　　　　C. 硬盘　　　　　D. 软盘

8. 下列技术指标中，主要影响显示器显示清晰度的是（　　）。

　　A. 对比度　　　　B. 亮度　　　　　C. 刷新率　　　　D. 分辨率

9. 微型计算机硬件系统中的核心部件是（　　）。

　　A. 存储器　　　　　　　　　　　B. 输出设备

　　C. 输入设备　　　　　　　　　　D. 中央处理器，即 CPU

10. CRT 指的是（　　）。

　　A. 计算机显示器　　　　　　　　B. 键盘

C．打印机　　　　　　　　　　　　D．中央处理器，即 CPU

11．计算机内存的每个基本单位被赋予唯一的（　　），称为地址。

    A．容量　　　　　B．字节　　　　　C．序号　　　　　D．功能

12．计算机内存中的只读存储器简称为（　　）。

    A．EMS　　　　　B．RAM　　　　　C．XMS　　　　　D．ROM

13．用下面（　　）可将图片输入计算机。

    A．数码相机　　　B．绘图仪　　　　C．键盘　　　　　D．鼠标

14．在下列设备中，既是输出设备又是输入设备的是（　　）。

    A．显示器　　　　B．磁盘驱动器　　C．键盘　　　　　D．打印机

15．个人计算机必不可少的输入/输出设备是（　　）

    A．键盘和显示器　　　　　　　　　B．键盘和鼠标

    C．显示器和打印机　　　　　　　　D．鼠标和打印机

16．我们说某计算机的内存是 16MB，是指它的容量为（　　）字节。

    A．16×1024×1024　　　　　　　　B．16×1024

    C．16×1000×1000　　　　　　　　D．16×1000

17．通常说的 CPU 是指（　　）。

    A．内存储器和控制器　　　　　　　B．内存储器和运算器

    C．控制器和运算器　　　　　　　　D．内存储器、控制器和运算器

18．实现计算机和用户之间信息传递的设备是（　　）。

    A．存储系统　　　　　　　　　　　B．输入/输出设备

    C．控制器和运算器　　　　　　　　D．CPU 和输入/输出接口电路

19．存放于计算机（　　）上的信息，关机后就消失。

    A．ROM　　　　　B．硬盘　　　　　C．RAM　　　　　D．软盘

20．计算机可以直接执行的语言是（　　）。

    A．自然语言　　　　　　　　　　　B．汇编语言

    C．机器语言　　　　　　　　　　　D．高级语言

21．用高级语言编写的程序（　　）。

    A．只能在某种计算机上运行

    B．不需要编译或解释，即可被计算机直接执行

    C．具有通用性和可移植性

    D．几乎不占用内存空间

22．高级语言编译程序按分类来看属于（　　）。

    A．操作系统　　　　　　　　　　　B．系统软件

    C．应用软件　　　　　　　　　　　D．数据库管理软件

23. 计算机能直接执行的指令包括两部分，它们是（　　　）。

    A．原操作数和目标操作数　　　　　　B．操作码和操作数

    C．ASCII 码和汉字代码　　　　　　　D．数字和文字

24. 将高级语言编写的源程序转换成目标程序，要经过（　　　）。

    A．编辑　　　　　B．汇编　　　　　　C．动态重定位　　D．编译

25. 由二进制代码表示的机器指令可被计算机（　　　）。

    A．直接执行　　　B．解释后执行　　　C．汇编后执行　　D．编译后执行

26. 用汇编语言编写的程序需经过（　　　）翻译成机器语言后，才能在计算机中执行。

    A．编译程序　　　B．解释程序　　　　C．操作系统　　　D．汇编程序

27. 为达到某一目的而编制的计算机指令序列称为（　　　）。

    A．软件　　　　　B．字符串　　　　　C．程序　　　　　D．命令

28. CPU 每执行一个（　　　），就完成一步基本运算和判断。

    A．软件　　　　　B．指令　　　　　　C．硬件　　　　　D．语句

29. 汇编程序的作用是将汇编语言源程序翻译为（　　　）。

    A．目标程序　　　B．应用程序　　　　C．临时程序　　　D．可执行程序

30. 计算机能直接识别和执行的语言是（　　　）。

    A．机器语言　　　B．C 语言　　　　　C．汇编语言　　　D．PASCAL 语言

31. 软件可分为系统软件和（　　　）软件。

    A．高级　　　　　B．专用　　　　　　C．应用　　　　　D．通用

32. 下面哪一组是系统软件（　　　）。

    A．DOS 和 WPS　　　　　　　　　　B．Word 和 UCDOS

    C．DOS 和 Windows　　　　　　　　D．Windows 和 MIS

33. 某公司的工资管理程序属于（　　　）。

    A．应用软件　　　　　　　　　　　　B．系统软件

    C．文字处理软件　　　　　　　　　　D．工具软件

34. 下列文件格式中，（　　　）表示图像文件。

    A．*.doc　　　　　B．*.xls　　　　　C．*.bmp　　　　D．*.txt

35. 下面关于中文 Windows 系统文件名的叙述中，错误的是（　　　）。

    A．文件名中允许使用汉字

    B．文件名中允许使用空格

    C．文件名中允许使用多个圆点分隔符

    D．文件名中允许使用竖线（"｜"）

36. 使用 Windows 系统下"录音机"录制的声音文件的扩展名是（　　　）。

    A．xls　　　　　　B．wav　　　　　　C．bmp　　　　　D．dom

37. 下列叙述中，正确的是 （　　　）。

　　A．编译程序、解释程序和汇编程序不是系统软件

　　B．人脸识别软件、排错程序、人事管理系统属于应用软件

　　C．操作系统、财务管理程序、系统服务程序都不是应用软件

　　D．操作系统和各种程序设计语言的处理程序都是应用软件

38. 下列程序中不属于系统软件的是 （　　　）。

　　A．编译程序　　　　B．C 源程序　　　　　C．解释程序　　　D．汇编程序

39. （　　　）称为完整的计算机软件。

　　A．供大家使用的软件

　　B．各种可用的程序

　　C．程序连同有关的说明资料

　　D．CPU 能够执行的所有指令

习题讲解第 3 章

第 4 章

算法设计基础

4.1 算法概述

4.1.1 什么是算法

在说明什么是算法之前，我们先来分析两个例题。

【例 4-1】 量水问题：两个没有刻度的桶 A 和 B，其中 A 桶的容量为 7 升，B 桶的容量为 5 升。问：如何利用这两个桶量出 6 升水？

①将 A 桶装满水；

②将 A 桶的水倒向 B 桶（装满为止）；

③倒空 B 桶；

④将 A 桶中剩的水倒向 B 桶；

⑤重复步骤①②③④两次；

⑥将 A 桶装满水；

⑦将 A 桶的水倒向 B 桶（装满为止）。

A 桶中剩下的水即为所求。

【例 4-2】 求 π 问题：如果取一个圆，至少可以测出它的两个参数。一个是绕圆一周的距离（周长），另一个是直径。圆的直径越大，周长越大。事实上，这两个变量是成正比的，比例常数就是 π。$C=\pi D=2\pi r$，其中 C 是周长，D 是直径，r 是半径。我国南北朝时期祖冲之将圆周率算到了小数点后第 7 位。

有一种求 π 的蒙特卡罗计算方法。蒙特卡罗计算方法依赖于随机数。它的原理为：假设取两个随机数，都在 0 和 1 之间。现在把这些随机数设为图上的坐标(x,y)，然后用勾股定理计算这个点到原点的距离，如图 4-1 所示。

如果这个点到原点的距离小于半径，那么这个点在圆内，否则在圆外。根据求圆面积的公式 πr^2，则 $\pi r^2 \approx$ 圆中落点数/正方形中落点数，假设半径为 0.5，所以 $\pi \approx 4 \times$ 圆中落点数/正方形中落点数。

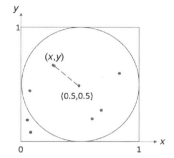

图 4-1　蒙特卡罗计算方法示意图

如果有方法产生任意多个单位正方形中的随机点(x,y)。设总共产生 n 个点，用 in_circle 记录点落在圆中的个数。

```
for i = 1 to n
    随机生成单位正方形中一个点(x, y)
    如果(x, y)与圆心(0.5,0.5)之间的距离< 0.5
            in_circle = in_circle + 1
```

算法结束时，4*in_circle/n 即为所求。

所以算法是准确描述的操作步骤，尽管不一定得到精确的结果。

4.1.2　算法描述

算法可以使用自然语言、流程图、伪代码等描述。

（1）量水问题算法用自然语言描述，参见上文。

（2）量水问题算法的伪代码如下：

1．for i = 1 to 2

2．A ← 7

3．A ← A − (5−B)

4．B ← A

5．A ← 7

6．A ← A − (5−B)

（3）量水问题算法的流程图如图 4-2 所示。

（4）求 π 问题算法的混合描述参见上文。

（5）求 π 问题的程序如下：

```
for(i=0; i<n;i++){
    x =random();
    y =random();
    if (sqrt((x-0.5)**2+(y-0.5)**2) < 0.5)
        in_circle = in_circle + 1
```

```
    }
printf("%f",4*in_circle/n)
```

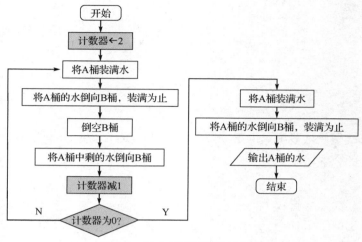

图 4-2　量水问题算法的流程图

　　算法的理解从"开始"开始，沿箭头方向进行，操作可用自然语言，也可用比较抽象的符号语言描述，循环结构常体现为一个计数器的设置和判断，变量的初始化通常很重要。

　　算法是问题求解过程，以操作步为单位，应清晰准确地写下来，让目标读者看得懂，便于分析算法的性质，而且有助于用程序实现。三种控制结构为顺序结构、条件分支结构、循环结构。

4.2　算法分析

4.2.1　算法分析概述

　　对于一个算法，首先应分析其正确性，即能否达到目的，能否给出满足要求的结果，能否结束。例如，

```
while (x!=1)
    if (x%2==0)
        x = x/2;
    else
        x = 3*x + 1;
```

上述代码与 x 有关，但不知能否结束！

其次是效果如何，与最优解的差距（如果存在的话）及时间效率和空间效率，如量水

问题算法的步骤是 2×4+2=10 步。以下代码：

```
for (i=1; i<=n;i++)
    for (j=1; j<=n;j++)
        a[i][j] = i+j;
```

a[i][j] = i+j 这一句共执行 n+(n-1)+···+1= n(n+1)/2 次。

通常用大 O 表示法来描述算法分析的结果。大 O 记法：抓住主要矛盾（高阶项），忽略次要因素（低阶项，常数系数）。如下所示：

```
for (i=1; i<=n;i++)
    for (j=1; j<=n;j++)
    { a[i][j] = i+j ;
      b[i] = b[i] + 1;
    }
for (i=1; i<=n;i++)
    a[i][1] = b[i];
```

代码中的语句共执行了 $2n^2+n$ 次，它和上面的代码都采用 n^2 算法，算法复杂度为 $O(n^2)$，只看高阶项，忽略低阶项，也可以忽略系数。

4.2.2　例题分析

【例 4-3】兔子试毒：有 1000 瓶药水，其中有一瓶是毒药，只要喝上一滴，一天之后就必死无疑。现在提供一批兔子来试毒，那我们怎么用最少的兔子、最少的时间，找出这瓶毒药呢？喝一滴就死掉，换句话说，那一瓶药水是可以给多只兔子喝的。要用最少的兔子，又要花最少的时间，看起来像是时间与空间的决策，不如我们先来简化问题：

（1）只追求时间，以最快速度找出药水。简单来说，直接拿 1000 只兔子试毒，一只兔子对应一瓶药水。结果自然是耗用 1000 只兔子，1 天出结果。这样的优势比较明显，就是快；缺点也明显，就是使用的兔子太多，占用很多资源，还不环保。

（2）只追求空间，节约兔子，时间可以慢慢来。拿 1 只兔子试毒一瓶药水，1 天出结果。若兔子死掉，这瓶药水就是毒药水，若没死就继续试毒其他药水。自然是耗用 1 只兔子，最多 999 天出结果。这种方法的优缺点和上一种方法正好相反。

（3）进一步可以考虑用二分法。第一轮就分为 500 瓶药水为一组，先放一只兔子，每瓶药水喝一滴，这样可以排除 500 瓶。如果兔子活着，就继续用这只兔子，如果死了，就用其他兔子。我们按最坏情况来算：每次都要消耗掉一只兔子。下一轮 250 瓶，这样循环迭代，1000→500→250→125→63→32→16→8→4→2→1。10 个箭头，就是 10 次，也就是用了 10 天。这样我们只用了 10 只兔子。

把前面的方式综合一下，我们可以不用 1000 只兔子，也可以不用等足足 10 天。把二分法变成多分法。比如，用 9 只兔子的话，药水每次能分 10 份，每轮补充兔子到 9 只，这样试完 1000 瓶药水，只需要 3 天，1000→100→10→1。用 2 只兔子的话，就是 3 份，1000→333→111→37→(12,12,13)→(4,4,5)→(2,2,1)→1。规律也很明显，天数为 d，分 a 份，则兔子是 a-1 只，药水 N 瓶，那么 d 等于以 a 为底 N 的对数（$\log_a N$）。比如，当耗用 2 只兔子时，a 为 3，算出来正好是 7 天，和我们刚才推算的是一样的。

（4）还有没有更好的方法呢？当然有，即计算思维的方法！因为一次可以喝多瓶药水，那么我们可以用 10 只兔子，模拟出 1024 种情况。给药水编号，从 1 到 1000，给兔子也编上号，1～10 号，将 1000 瓶药水的编号，都转换为二进制编号，1 就是 000 000 0001，1000 就是 111 110 1000，如图 4-3 所示。这种情况下，第几位为 1，就让对应的兔子喝一滴药水。由于编号都是独一无二的，因此最后根据死掉的兔子的编号，反过来组合一下，就是药水的编号，如图 4-4 所示。

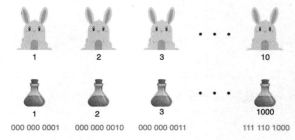

图 4-3　兔子试毒问题二进制编号示意图

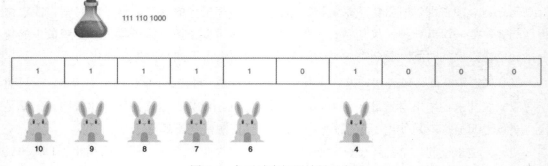

图 4-4　兔子试毒问题结果示意图

如此一来，用 10 只兔子只花 1 天，就能试毒成功。无论空间还是时间，都是最快的。如果你能很快想到二进制模拟，那么你一定对计算机 0、1 存储非常熟悉！

【例 4-4】　排序：使三个数从小到大输出。

```
scanf("%d%d%d",&a,&b,&c);
if(a<=b && b<c=)
    printf("%d %d %d\n",a,b,c);
else if(a<=c && c<=b)
```

```
    printf("%d %d %d\n",a,c,b);
else if(b<=a && a<=c)
    printf("%d %d %d\n",b,a,c);
else if(b<=c && c<a=)
    printf("%d %d %d\n",b,c,a);
else if(c<=a && a<=b)
    printf("%d %d %d\n",c,a,b);
else
    printf("%d %d %d\n",c,b,a);
```

这种算法的时间复杂度是 $O(n!)$。

对 n 个记录进行升序排序的问题，可采用选择排序方法：每次处理时，先从 n 个未排序的记录中选出一个最小记录，则第一次要经过 $n-1$ 次比较，才能选出最小记录；第二次再从剩下的 $n-1$ 个记录中经过 $n-2$ 次比较，选出次小记录；如此反复，直到只剩两个记录时，经过 1 次比较就可以确定它们的大小。整个排序过程的基本操作（原操作）是"比较两个记录的大小"，含"比较"的语句的频度是：$(n-1)+(n-2)+\cdots+1=n(n-1)/2$。因此，选择排序方法的时间复杂度为 $O(n^2)$。

空间复杂度：由于第一次处理时，要找出最小记录，并交换位置到最前面；第二次处理时，要找出次小记录，并交换位置到第 2 位；如此反复，直至排序结束。而每次交换位置需要 1 个中间变量（temp）的存储空间，这是与问题规模 n 无关的常数，因此，选择排序方法的空间复杂度为 $O(1)$。

4.3　算法类型

1. 按复杂性分类

按复杂性不同，算法可分为多项式算法和指数算法。

通常有如下的函数关系排序：c（与 n 无关的任意常数）$< \log_2 n < n < n \log_2 n < n^2 < n^3 < 10^n < n!$

常用函数复杂度如图 4-5 所示。

	$O(1)$	$O(\log_2 n)$	$O(n)$	$O(n\log_2 n)$	$O(n^2)$	$O(2n)$	$O(n!)$
1	2	0.00	1	0.00	1	2	1
2	2	1.00	2	2.00	4	4	2
3	2	1.58	3	4.75	9	8	6
4	2	2.00	4	8.00	16	16	24
5	2	2.32	5	11.61	25	32	120
6	2	2.58	6	15.51	36	64	720
7	2	2.81	7	19.65	49	128	5040
8	2	3.00	8	24.00	64	256	40320
9	2	3.17	9	28.53	81	512	362880
10	2	3.32	10	33.22	100	1024	3628800

图 4-5　常用函数复杂度

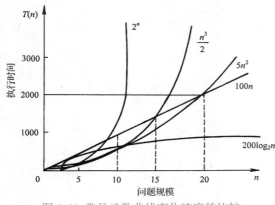

图 4-6　常见函数曲线变化速度的比较

随着问题（输入数据）规模的增大，不同复杂性的算法在执行时间上差别越来越大（指数复杂性算法在现实中很少使用）。常见函数曲线变化速度的比较如图 4-6 所示。

上述函数排序与数学中对无穷大的分级完全一致，因为考虑的也是 n 值变化过程中的趋势，参见图 4-6。

2．按应用场合分类

按应用场合不同，算法分为数值算法、非数值算法两类。

- 数值算法：主要目的在于模拟与仿真，强调收敛与误差等概念。
- 非数值算法：并非计算过程不涉及数值，而是主要目的在于搜索、推理、决策、规划等需求的满足。

3．按设计方法论分类

按设计方法论，算法可分为枚举算法、贪心算法、分治算法、动态规划算法、启发式算法、回溯算法。

4．按数据存在的介质分类

按数据存在的介质不同，算法可分为内存算法、外存算法。

4.4　习题

一、单项选择题

1. 假设有 A（7 升）、B（5 升）两个桶。有人给出了一个算法，它的执行结果是（　　）。

> ① 重复下述步骤①②两次
> ② 将 B 装满；
> ③ 将 B 中的水倒向 A（A 满或 B 空为止）；
> ④ 倒空 A；
> ⑤ 将 B 中剩的水倒向 A（A 满或 B 空为止）。

A．A=6，B=0　　　　　　　　　　　B．A=3，B=0

C．A=0，B=3　　　　　　　　　　　D．算法描述不清楚

2. 许多人小时候都做过"农夫，狼、羊和白菜"过河的智力题。这里就假设大家都知

道规则。现在我们虚构一个农夫和 5 种动物（称它们为 A、B、C、D、E）过河的题目。假设农夫不在场的时候，A 要吃 B，B 要吃 C，C 要吃 D，D 要吃 E；没有其他捕食关系了。同时假设那条船上除农夫外，还可以容纳最多 2 个动物。有人设计了一个让它们过河的算法如下：

---

1. 农夫带 B 和 D 过河，将它们放到对岸后自己返回；
2. 农夫带 A 和 E 过河，将它们放到对岸，同时把 B 和 D 带返回；
3. 农夫带 C 过河，将它放到对岸后自己返回；
4. 农夫带 B 和 D 过河。

此题有三问：

（1）这个算法能否成功地将它们都带过河？

（2）如果那条小船除农夫外，只能容纳 1 个动物，有可能设计一个成功的算法吗？

（3）假设小船除农夫外，还可以容纳最多 2 个动物，但总共有 6 个动物（还是那种链式捕食关系），有可能设计一个成功的算法吗？

本题的答案是（   ）。

    A．（1）是（2）可能（3）可能

    B．（1）否（2）可能（3）可能

    C．（1）是（2）不可能（3）不可能

    D．（1）否（2）不可能（3）不可能

3．变量的赋值，是计算机算法和程序中经常涉及的。在算法描述中，有时用箭头，例如 $x\leftarrow1$，表示让变量 x 的值为 1，而 $x\leftarrow x+1$ 则表示将 x 的当前值加上 1 后再放到 x 中。很多时候，人们也用等号（=），例如 $x=1$，$x=x+1$，它们分别与 $x\leftarrow1$，$x\leftarrow x+1$ 有相同的意思。也就是说，这里的等号不同于数学中的等号。算法描述中为了表示数学意义上的"相等"，常常用符号"=="，不相等就用"!="。初学者对于这些描述算法操作的符号，可能会有些困惑，习惯就好了。考虑下面的算法，该算法执行后输出的前 3 个数为（   ）。

---

1. $x=20$；
2. 当 $x!=1$，就反复做下面的操作 3 和 4；
3. 如果 x 是偶数，则做 $x=x/2$；否则做 $x=3*x+1$；
4. 输出 x。

    A．20，10，5   B．10，5，2.5

    C．10，5，16   D．上面的都不对

4．在第 3 题中，一共输出（   ）数，该算法就结束了。

    A．3 个   B．5 个

    C．7 个   D．9 个

5．根据算法的描述，估计某些语句（操作）的执行次数，是算法效率分析的要求，其中

涉及对循环结构的理解。分析下面这个三重循环构成的算法，其中语句4的执行次数为（　　）。

```
1.  for i = 3,4,5
2.    for j = 2, 3, …, i-1
3.      for k = 1, 2, …, j-1
4.        print (i, j, k)
```

A．3次　　　　　　B．6次　　　　　　C．10次　　　　D．27次

6．除了准确数出语句的执行次数，在算法学习和应用中更多的是采用所谓"大 O 记法"来大致估计算法的效率（复杂性）。对于下面的算法进行分析：

（1）指出正确的"大 O 记法"；

（2）设 $n=3$，算法结束时 x 和 y 哪一个较大。

本题应选择（　　）。

```
1.  输入 n
2.  x=0; y=0
3.  for i = 1, 2, …, n
4.    for j = 1, 2, …, i
5.      x = 2*x + 1
6.    for j = 1, 2, …, n
7.      for k = 1, 2, …, j
8.        y=y+1
```

A．$O(n)$，$x>y$　　B．$O(n^2)$，$x<y$　　C．$O(n^3)$，$x>y$　　D．$O(n^4)$，$x<y$

二、多选题

回到前面的第 5 题。这道题看起来没什么实际意义，但基于对它的理解，可以很容易构造一个解决实际问题的算法：求哪些整数（三元组，a、b、c）满足勾股定律。我们知道 $a=3$，$b=4$ 和 $c=5$ 是满足的。现在的问题就是，给定一个上限 n，有哪些小于 n 的整数 a、b 和 c 会满足勾股定理呢？要求是如果有的话，一个也不能漏。稍微想一下，可知满足等式的 a、b 和 c 中不可能有相等的，因而总有个大小顺序，设 a 最小，c 最大，这样就等价于我们要求 $0<a<b<c<n$，满足 $a^2 + b^2 = c^2$。对前面第 5 题的算法稍做修改（将其循环体中的简单输出改成一个条件输出），就有了下面这个很实用的求直角三角形整数勾、股、弦的算法：

```
1.  输入 n
2.  for c = 3, 4, …, n-1
3.    for b = 2, 3, …, c-1
4.      for a = 1, 2, …, b-1
5.        if a²+b² == c²: print(a, b, c)
```

现在关心算法中的第 5 句被执行的次数（尽管不一定每次都有输出）。显然这是一个与 n 有关的量。下面说法中正确的是（　　）。

A．$(n-1)^3$ 次　　　　　　　　　　B．$(n-1)(n-2)(n-3)$次

C．$(n-1)(n-2)(n-3)/6$ 次　　　　D．$O(n^3)$

习题讲解第 4 章

第 5 章

计算学科基础理论

5.1 操作系统概述

5.1.1 操作系统的功能和主要模块

计算机系统由硬件和软件组成。计算机的硬件种类和型号非常多，为了使计算机系统的软、硬件资源协调一致、有条不紊地工作，就必须有一个专门的软件进行统一管理和调度，这个软件就是操作系统。

操作系统是管理、控制和监督计算机软、硬件资源协调运行的系统软件，由一系列具有不同控制和管理功能的程序组成，它是软件系统的核心，是计算机软、硬件系统的大管家。操作系统是计算机发展过程中的产物，引入操作系统的主要目的有两个：一是方便用户使用计算机，如用户输入一条简单的命令就能自动完成复杂的功能，这是操作系统启动相应程序、调度恰当资源执行的结果；二是统一管理计算机系统的软硬件资源，合理地组织计算机的工作流程，以便充分、合理地发挥计算机的作用。操作系统以文件为单位对数据进行管理。

操作系统是计算机硬件与其他软件的接口，也是用户和计算机的接口。现代操作系统简略架构如图 5-1 所示。

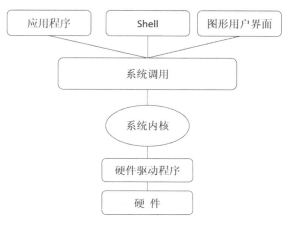

图 5-1　现代操作系统简略架构

5.1.2　操作系统的功能

现代操作系统的功能十分丰富，一个典型的操作系统应具有 5 大基本功能。

1．处理器管理

当多个程序同时运行时，需要解决 CPU 时间分配的问题。在大型操作系统中，可存在多个 CPU，同时有多个作业，把所有的 CPU 分配给各个用户作业使用，可提高 CPU 的利用率。这就是操作系统的处理器管理功能。

2．存储管理

存储管理是指对内存空间的管理。操作系统使用一种优化算法对内存空间管理进行优化，以提高内存的利用率。这就是操作系统的存储管理功能。

操作系统会为各个程序及其使用的数据分配存储空间，并保证它们互不干扰。

3．设备管理

当用户要求使用某种设备时，操作系统应马上分配给用户所要求的设备，并根据用户要求驱动外部设备。对外部设备的中断请求，如输入结束、开始输出等，操作系统要给以响应并处理。

4．进程管理

进程管理也称作业管理，用户交给计算机处理的工作称为作业。作业管理是由操作系统来控制的，操作系统对作业执行的全过程进行管理和控制。作业管理的任务主要是为用户提供一个使用计算机的界面使其方便地运行自己的作业，并对所有进入系统的作业进行调度和控制，尽可能高效地利用整个系统的资源。

5．文件管理

文件管理包括文件目录管理、文件组织、文件操作和文件保护，操作系统为用户提供按名存取文件的重要功能。

5.1.3　操作系统的分类

操作系统的种类繁多，按照功能和特性可以分为批处理操作系统、分时操作系统和实时操作系统等；按同时管理的用户数可分为单用户操作系统、多用户操作系统和适合管理计算机网络的网络操作系统。

（1）单用户操作系统（Single User Operating System）：单用户操作系统的主要特征是计算机系统内一次只能支持一个用户程序运行。这类操作系统的最大缺点是计算机系统的资源不能得到充分利用。微型计算机的 DOS 操作系统属于这类操作系统。

（2）批处理操作系统（Batch Processing Operating System）：批处理操作系统是 20 世纪 70 年代运行于大、中型计算机上的操作系统，当时由于单用户单任务操作系统的 CPU 使用效率低，I/O 设备资源未能充分利用，浪费了当时很昂贵的硬件资源，因而产生了多道批处理操作系统。多道是指多个程序或多个作业同时存在和运行，能充分利用各类硬件资源，故也称为多任务操作系统。IBM 的 DOS/VSE 就属于这类操作系统。

（3）分时操作系统（Time-Sharing Operating System）：分时操作系统是一种具有如下特征的操作系统：在一台计算机周围挂上若干台本地或远程终端，每个用户可以在各自的终端上以交互的方式控制作业运行。在分时操作系统管理下，虽然各用户使用的是同一台计算机，但却能给用户一种"独占计算机"的感觉。实际上是分时操作系统将 CPU 的时间资源划分成极短的时间片（毫秒量级），轮流分配给每个终端用户使用，当一个用户的时间片用完后，CPU 就转给另一个用户，前一个用户只能等待下一次轮到。由于人的思考、反应和输入的速度通常比 CPU 的速度慢得多，因此只要同时上机的用户不超过一定数量，人就不会有延迟的感觉，好像每个用户都独占着计算机。分时操作系统的优点是：第一，经济实惠，可以充分利用计算机资源；第二，由于采用交互对话方式控制作业，用户可以坐在终端前边思考、边调整、边修改，从而大大缩短了解题周期；第三，分时操作系统的多个用户间可以通过文件系统彼此交流数据和共享各种文件，在各自的终端上协同完成任务。分时操作系统是多用户多任务操作系统，UNIX 是国际上流行的分时操作系统，也是操作系统的标准。

（4）实时操作系统（Real-Time Operating System）：在某些应用领域，要求计算机能对数据进行快速处理。例如，在自动驾驶仪控制下飞行的飞机、导弹的自动控制系统中，计算机必须对测量系统测得的数据及时、快速地进行处理和反应，及时进行调整，否则就失去了自动性。这种有响应时间要求的快速处理过程称为实时处理过程，当然，响应的时间要求可长可短，可以是秒级、毫秒级或微秒级的。对于这类实时处理过程，批处理操作系统或分时操作系统均无能为力，因此产生了另一类操作系统——实时操作系统。

（5）网络操作系统（Network Operating System）：计算机网络是通过通信线路将地理上分散且独立的计算机连接起来、实现资源共享的一种系统。有了计算机网络之后，用户可以突破地理条件的限制，方便地使用远程的计算机资源。提供网络通信和网络资源共享功能的操作系统称为网络操作系统。

（6）微型计算机操作系统：微型计算机操作系统随着微型计算机硬件技术的发展而发展，经历了从简单到复杂的过程。Microsoft 公司开发的 DOS 是一个单用户单任务操作系统，而 Windows 操作系统则是一个单用户多任务操作系统。Linux 是一个多用户多任务分时操作系统。

另外，还有嵌入式操作系统、分布式操作系统、手机操作系统等。

5.2 计算机网络基础

5.2.1 计算机网络的产生与发展

计算机网络是利用通信线路和通信设备，把分布在不同地理位置的具有独立处理功能的若干台计算机按照一定的控制机制和连接方式互相连接在一起，并在网络软件的支持下实现资源共享的计算机系统。

计算机网络是现代通信技术与计算机技术紧密结合的产物，它涉及通信技术与计算机技术两个领域。

这里所定义的计算机网络包含四部分内容：

（1）具有独立处理功能的计算机：包括各种类型计算机（大型计算机、工作站、服务器、微型计算机）、数据处理终端设备。

（2）通信线路和通信设备。

①通信线路是网络连接介质，包括同轴电缆、双绞线、光缆、铜缆等。

②通信设备是网络连接设备，包括网关、集线器、交换机、路由器、调制解调器等。

（3）一定的控制机制和连接方式，是指各层网络协议和各类网络的拓扑结构。

（4）网络软件，是指各类网络系统软件和各类网络应用软件。

计算机网络的发展大致可以分为面向终端的计算机通信网络、计算机互联网络、标准化网络和网络互联与高速网络 4 个阶段。

第一阶段，面向终端的计算机通信网络（见图 5-2），其实质是以单机为中心，终端为延伸的联机系统。

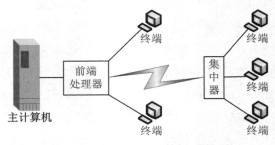

图 5-2　面向终端的计算机通信网络

第二阶段，计算机互联网络（见图 5-3），它实现了计算机与计算机之间的直接通信，其核心技术就是分组交换技术。

这一阶段的计算机网络的典型代表是美国国防部高级研究计划局 1969 年 12 月投入运行的 ARPA 网。1969 年连接美国西海岸的 4 所大学和研究所的小规模分组交换网建成了。到 1972 年，该网络发展到具有 34 个接口报文处理机（IMP）的网络。当时，使用的计算机是 PDP-11 小型计算机。另外，在该网中首次使用了分组交换和协议分层的概念。1983 年，ARPA 网开始采用 TCP/IP 协议，从而使得该网络的应用和规模得到了进一步的扩展。由于使用了用于国际互联的 TCP/IP 协议，ARPA 网也由过去的单一网络发展成为连接多种不同网络的世界上最大的互联网——Internet。

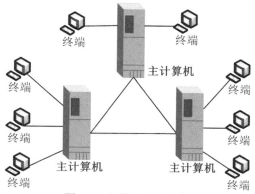

图 5-3　计算机互联网络

第三阶段，标准化网络。该网络遵循国际标准化协议，具有统一的网络体系结构，确保了各厂家生产的计算机之间的互连和网络产品之间的互联，推动了网络技术的应用和发展。

第四阶段，网络互联与高速网络。它具有高速化、综合化等特点，目前的计算机网络正处于第四阶段。

5.2.2　计算机网络的功能与拓扑结构

计算机网络主要有以下功能：

（1）通信功能：通信功能是计算机网络的基本功能之一，它可以为网络用户提供强有力的通信手段。建设计算机网络的主要目的就是让分布在不同地理位置的计算机用户能够相互通信、交流信息。

（2）资源共享：计算机网络允许网络上的用户共享网络上各种硬件设备和各种软件。软、硬件共享不但可以节约不必要的开支，而且可以保证数据的完整性和一致性。

（3）信息共享：信息也是一种资源，Internet 就是一个巨大的信息资源宝库，每一个接入 Internet 的用户都可以共享这些信息。

此外，计算机网络的功能还有均衡负荷与分布式处理、综合信息处理等。

计算机网络的拓扑结构是计算机网络上各节点（分布在不同地理位置上的计算机设备及其他设备）和通信链路所构成的几何形状。常见的拓扑结构有 5 种：总线型、星型、环型、树型和网状。

1．总线型拓扑结构

总线型拓扑结构采用一条公共线（总线）作为数据传输介质，所有网络上的节点都连接在总线上，通过总线传输数据，如图 5-4 所示。

总线型拓扑结构使用广播或传输技术，总线上的所有节点都可以发送数据到总线上，数据在总线上传播。总线上的所有节点都可以接收总线上的数据，各节点接收数据之后，首先分析总线上数据的目的地址再决定是否真正接收。由于各节点共用一条总线，在任一时刻只允许一个节点发送数据，因此，传输数据易出现冲突现象。总线出现故障，将影响整个网络的运行。局域网中著名的以太网就采用典型的总线型拓扑结构。总线型拓扑结构具有如下特点：

- 结构简单灵活，易于扩展；共享性好，便于广播式传输。
- 网络响应速度快，但负荷重时性能迅速下降；局部节点故障不影响整体，可靠性高。但是总线出故障时，则影响整个网络。
- 容易安装，费用低。

2．星型拓扑结构

在星型拓扑结构的计算机网络中，网络上每个节点都由一条点到点的链路与中心节点（网络设备，如交换机、集线器等）相连，如图 5-5 所示。

在星型拓扑结构中，信息的传输是通过中心节点的存储转发技术来实现的。星型拓扑结构具有如下特点：

- 结构简单、便于管理与维护，易扩充，易于结构化布线。
- 中心节点负担重，一旦中心节点出现故障，将影响整个网络的运行。

3．环型拓扑结构

在环型拓扑结构的计算机网络中，网络上各节点都连接在一个闭合环形通信链路上，如图 5-6 所示。在环型拓扑结构中，信息沿环的单方向传输，两节点之间仅有唯一的通道。环型拓扑结构具有如下特点：

- 网络上各节点之间没有主次关系，各节点负担均衡，但网络扩充及维护不太方便。
- 如果网络上有一个节点或者环路出现故障，将可能引起整个网络故障。

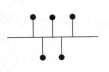
图 5-4 总线型拓扑结构

图 5-5 星型拓扑结构

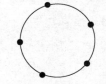
图 5-6 环型拓扑结构

4．树型拓扑结构

树型拓扑结构是星型拓扑结构的发展，在网络中各节点按一定的层次连接起来，形状像一棵倒置的树，如图 5-7 所示。

在树型拓扑结构中，顶端的节点称为根节点，它可带若干个分支节点，每个分支节点又可以带若干个子分支节点。信息可以在每个分支链路上双向传输。树型拓扑结构具有如下特点：

- 网络扩充、故障隔离比较方便，故可靠性高；电缆成本高。
- 对根节点的依赖性大，如果根节点出现故障，将影响整个网络运行。

5．网状拓扑结构

在网状拓扑结构中，网络上节点的连接是不规则的，每个节点可以与任何节点相连，且每个节点可以有多个分支，如图 5-8 所示。

在网状拓扑结构中，信息可以在任何分支上传输，这样可以减少网络阻塞现象。网状拓扑结构具有如下特点：

- 可靠性高；结构复杂，不易管理和维护；线路成本高；适用于大型广域网。
- 有多条路径，可以选择最佳路径，故可减少时延，改善流量分配，提高网络性能。

图 5-7 树型拓扑结构 图 5-8 网状拓扑结构

5.2.3 计算机网络的分类及体系结构

1．计算机网络的分类

计算机网络有多种分类方法，常见的分类方法有按网络覆盖的地理范围分类、按传输技术分类、按传输介质分类、按网络使用的范围分类等。

1）按网络覆盖的地理范围分类

（1）局域网。

局域网（Local Area Network，LAN）是将较小地理范围内的各种数据通信设备连接在一起来实现资源共享和数据通信的网络（一般在几公里以内）。这个较小地理范围可以是一个办公室、一座建筑物或近距离的几座建筑物，如一个工厂或一个学校。局域网具有传输速率高、误码率低和拓扑结构简单的特点。另外，局域网的设备价格相对低一些，建网成本低。通常在某一个数据较重要的部门、企事业单位内部使用局域网实现资源共享和数据通信。

（2）城域网。

城域网（Metropolitan Area Network，MAN）是一个将距离在几十公里以内的若干个局域网连接起来以实现资源共享和数据通信的网络。它的设计规模一般在一个城市内。它的传输速率相对局域网来说低一些。

（3）广域网。

广域网（Wide Area Network，WAN）实际上是将距离较远的数据通信设备、局域网、城域网连接起来以实现资源共享和数据通信的网络。广域网一般覆盖面较大，如一个国家、几个国家甚至全球范围，如 Internet 就可以说是一个最大的广域网。广域网一般利用公用通信网络进行数据传输，传输速率相对较低，网络结构复杂，造价相对较高。

2）按传输技术分类

按传输技术分类，计算机网络可分为广播式网络和点对点式网络。

3）按传输介质分类

按传输介质分类，计算机网络可分为有线网和无线网。

4）按网络使用的范围分类

按网络使用的范围分类，计算机网络可分为公用网和专用网。

2．计算机网络体系结构

计算机网络体系结构是一种网络功能层次化的模型，有利于从总体上对计算机网络进行分析。具体来讲，计算机网络体系结构是指为了完成计算机间的通信，把每台计算机互连的功能划分成有明确定义的层次，并规定了同层次进程通信的协议及相邻之间的接口与服务。

计算机网络体系结构规定计算机网络应设置哪几层，每层应提供哪些功能。至于功能如何实现，则不属于计算机网络体系结构部分。由此看来，计算机网络体系结构是抽象的。

1）协议

协议（Protocol）是计算机通过网络通信所使用的语言，是为网络通信中的数据交换制定的共同遵守的规则、标准和约定。协议是一组形式化的描述，它是计算机网络软、硬件开发的依据。只有使用相同的协议（不同的协议要经过转换），计算机才能彼此通信。网络通信的数据在传送中是一串位流，位流在网络体系结构的每一层中需要专门制定一些特定的规则，在计算机网络分层结构体系中，通常把每一层在通信中用到的规则与约定称为协议。因此，计算机网络体系结构可以描述为计算机网络各层和层间协议的集合。协议一般是由网络标准化组织和厂商制定出来的。

2）OSI-RM

开放系统互连参考模型（OSI-RM）（见图 5-9）是 1984 年国际标准化组织（ISO）正式颁布的网络通信标准。它的目的就是使两个不同的系统能够较容易地通信而不需要改变底层硬件或软件的逻辑。

层次结构的每一层都建立在前一层的基础之上，下层为上层提供服务。例如，计算机网络体系结构中的最低层（物理层）定义传输介质中数据"0"和"1"的实现电压标准、电压持续时间、传输的方向，怎样连接和终止连接；而其上层（数据链路层）则加强物理层传输原始 bit（0，1）的信号，并将数据放在数据帧里（一帧大小为几百字节）。如此一层层定义每层的功能，最终实现最高层用户的应用功能定义，它是系统最终目标的体现。

计算机网络体系结构的核心是如何合理地划分层次，并确定每个层次的特定功能及相邻层次之间的接口。由于各种局域网的不断出现，迫切需要不同网络及不同机种互联，以满足信息交换、资源共享及分布式处理等需求，而这就要求计算机网络体系结构的标准化。

目前完全遵循 OSI-RM 的网络产品还没有，但 OSI-RM 给我们提供了一个概念上和功能上的框架，可以作为学习网络知识的依据，作为网络实现的参考。OSI-RM 模型描述了信息流自上而下通过源设备的 7 个结构层次，然后自下而上穿过目标设备的 7 层模型。这 7 个结构层次从低到高依次为物理层、数据链路层、网络层、传输层、会话层、表示层、应用层。信息交换在低层由硬件实现，而到了高层（4～7 层），则由软件实现。

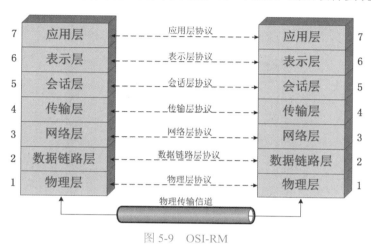

图 5-9　OSI-RM

3）TCP/IP 协议

大部分协议实际上是由几个协议组合成的协议组，共同形成一个单独的系统来操作网络设备。这些协议具有不同的能力，以满足用户应用程序的需要。

Internet 使用的网络协议是传输控制协议/网际协议（Transmission Control Protocol/Internet Protocol，TCP/IP）协议组，它是一组工业标准协议。它由许多协议组成，TCP 和 IP 是其中最重要的两个协议。TCP/IP 协议最初为 ARPA 网络设计，现已成为全球性 Internet 所采用的主要协议。TCP/IP 协议的特点主要有两个：标准化，几乎任何网络软件或设备都能在该协议上运行；可路由性，这使得用户可以将多个局域网连成一个大型互联网络。

TCP 负责对发送的整体信息进行数据分解，保证可靠传送并按序组合。IP 则负责数据包的传输寻址。

在 Internet 运行机制内部，信息的传输不是以恒定的方式进行的，而是把数据分解成较小的各个数据包。比如，传送一个很长的信息给网上另一端的接收者，TCP 负责把这个信息分解成许多个数据包，每一个数据包都有一个序号和接收地址，还加入一些纠错信息；IP 则使数据包传过网络，负责把数据传到另一端；在另一端 TCP 接收到一个数据包即核查错误，若检测有误，TCP 会要求重发这个特定的数据包，在所有的属于这个信息的数据包都被正确地接收后，TCP 用序号来重构原始信息，完成整个传输过程。

TCP/IP 模型（见图 5-10）由以下 4 层组成：

（1）应用层：位于 TCP/IP 协议的最高层，它提供常用的应用程序如电子邮件服务、文件传输服务、Telnet 服务等。

（2）传输层：遵守 TCP，负责应用程序间（端到端）的通信，其功能是利用网络层传输格式化的信息流，提供连接的服务。它将发送的信息分解成较小的数据包，保证可靠传送并按序组合。

（3）网际层：遵守 IP，负责计算机之间的通信，处理来自传输层的分组发送请求，并检查其合法性，将数据报文发往适当的网络接口，进行寻址转发、流量控制等。

（4）网络接口层：负责从网络上接收物理帧及硬件设备驱动。

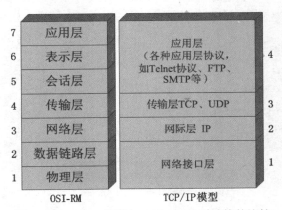

图 5-10　TCP/IP 模型与 OSI-RM 体系结构的比较

5.2.4　计算机网络应用

1．Internet 的发展及前景

1969 年 12 月，ARPA 网投入使用。

1972 年，ARPA 网在首届国际计算机通信会议上首次与公众见面。

1982 年，由 ARPA 网、MILNET 等几个计算机网络合并形成 Internet。

1983 年，ARPA 网分裂为两部分：ARPA 网和纯军事用的 MILNET。

1985 年，美国国家科学基金会（NSF）提供巨资建立六个超级计算机中心。

1986 年，NSFNET 成功地成为 Internet 的第二个主干网，并取代了 ARPA 网。

到 1991 年底，IBM、MCI 和 Merit 组成高级网络服务公司 ANS，建立 ANSNET，取代 NSFNET。

展望未来，下一代 Internet 将速度更快、更安全、规模更大、使用更方便。下一代 Internet 的速度将比现在的网络速度提高 1000～10000 倍；更安全是指目前的计算机网络存在大量安全隐患，下一代 Internet 将在建设之初就充分考虑安全问题，可以有效控制、解决网络安全问题；规模更大是指逐渐放弃 IPv4，启用 IPv6 地址（两者的区别有点像电话号码的升级），几乎可以给家庭中的每一个东西分配一个 IP 地址，让数字化生活变成现实；下一代 Internet 应用软件更优化，智能性更高，因而使用更方便。

　　Internet 在这样短的时间内能够迅速风靡全球，其根本原因有两个：首先在技术上，Internet 拥有卓越的网际通信功能，它将位于不同地区、不同环境、不同类型的多个网络（包括小规模的局域网、大规模的广域网）互联而构成全球性计算机网络，提供各个网络间互联与传输的规则与设施，使得不同网络间的信息可以安全、方便、自由地交换，开辟了人类信息传输和共享的新纪元。另外在功能上，Internet 是一个巨大的世界性信息资源库，正是这些不断增长的信息资源，吸引着全世界数以亿计的人们由不同的地域纷纷连入 Internet。Internet 本身所提供的一系列各具特色的应用程序（称为服务资源），使得网络用户能够快捷地实现对网络中包罗万象的信息资源的访问和获取，从而极大地拓宽人们的视野，改变人们的生活和工作方式。Internet 极大地促进了人类社会的进步和发展，为人类社会带来了新的文明。

2．IP 地址和域名系统

1）IP 地址

　　IP 地址就是 Internet 为每一台连入 Internet 的主机设置的地址。这个地址是经 TCP/IP 协议认可的，并且在 Internet 中是唯一的。一个 IP 地址由网络标识符和主机标识符两部分组成，它表明该主机属于哪一个网络的哪一台计算机。IP 地址是一个 32 位（4 个字节）的二进制数。由于阅读二进制数很不方便，于是 Internet 定义了一种 IP 地址的标准写法，该写法规定按 8 位二进制数为一组，把 32 位二进制数分为 4 组，然后把每一组数写成十进制数（0～255 范围的十进制数），组与组之间用圆点分隔，称为点分十进制形式。例如，某网站的 IP 地址为 11010010.00100000.10000101.10010110，用点分十进制表示为 210.32.133.150。

　　Internet 委员会定义了 5 类 IP 地址 A～E（见图 5-11），以适用于不同容量的网络，目前常用的为前 3 类：A 类地址用第 1 个字节表示网络标识符，用后 3 个字节表示此网络中的主机标识符，A 类 IP 地址通常被分配给 Internet 中的特别庞大的网络中的主机；B 类地址用前 2 个字节表示网络标识符，用后 2 个字节表示此网络中的主机标识符，所以 B 类 IP 地址被分配给 Internet 中的中型网络中的主机；而 C 类地址用前 3 个字节表示网络标识符，用后 1 个字节表示此网络中的主机标识符，所以 C 类 IP 地址被分配给 Internet 中的小型网络中的主机；D 类和 E 类地址常用于一些特殊的用途，它们常常由前三类地址中的一些特殊区段组成。

　　由于 Internet 的规模迅速扩大，截至 2019 年 11 月 26 日，IPv4 地址已经全部用完。地址空间的不足必将妨碍互联网的进一步发展，为了扩大地址空间，互联网工程任务组（Internet Engineering Task Force，IETF）拟通过 IPv6 重新定义地址空间。IPv6 采用 128 位地址长度。在 IPv6 的设计过程中除了一劳永逸地解决了地址短缺问题，还考虑了在 IPv4 中未得到有效解决的其他问题。

图 5-11　IP 地址的分类

为了快速确定 IP 地址的网络标识符和主机标识符，也为了判断两个 IP 地址是否属于同一网络，引入了子网掩码的概念。用子网掩码判断 IP 地址的网络标识符与主机标识符的方法如下：

网络标识符：将相应的子网掩码及 IP 地址的二进制值进行按位与运算，就可以得到该 IP 地址的网络标识符。

主机标识符：将相应子网掩码的二进制值进行取反操作，得到的二进制值与 IP 地址的二进制值进行按位与运算，就可以得到该 IP 地址的主机标识符。

2）域名系统

由于 IP 地址很难记忆，在 Internet 上还使用域名。与 IP 地址相比，域名易学易记，但是，在 Internet 上实际使用的还是 IP 地址。将域名翻译成 IP 地址的工作由域名服务器完成。

域名有按地域分配的域名和按机构分配的域名两种，按地域分配的域名如 cn（China）中国、hk（Hong Kong）中国香港、tw（Taiwan）中国台湾、jp（Japan）日本、uk（United Kingdom）英国、us（United States）美国；按机构分配的域名如 com（Commercial）商业机构、edu（Education）教育部门、gov（Government）政府机关、mil（Military）军队组织、net（Network）网络系统。

域名采用分层结构，从左至右，从小范围到大范围表示主机所属的层次关系。例如：www.sina.com.cn 中，"www"是主机的名称，"sina"是新浪网站的名称，"com"表明是商业机构，"cn"代表中国；而"www.pku.edu.cn"中"www"是主机的名称，"pku"是北京大学的名称，"edu"表明是教育部门，"cn"代表中国。

组织性顶级域名如表 5-1 所示。地理性顶级域名如表 5-2 所示。

表 5-1　组织性顶级域名

域名	含义	域名	含义	域名	含义
com	商业机构	net	网络机构	edu	教育机构
int	国际机构	gov	政府机构	mil	军事机构
org	非营利性组织	info	信息服务机构	mobi	手机及移动终端设备

表 5-2　地理性顶级域名

域名	含义	域名	含义	域名	含义
cn	中国	hk	中国香港	tw	中国台湾
us	美国	uk	英国	de	德国
fr	法国	ko	韩国	jp	日本

3）URL

URL 是 Uniform Resource Locator 的缩写，即统一资源定位器（地址）。它是一个指定 Internet 上的服务器中目标位置的标准。Internet 上的 Web 服务器的 URL 地址以 "http://" 开始，如湖州师范学院主页的地址为 "http://www.zjhu.edu.cn/"，Internet 上的 FTP 服务器的 URL 地址以 "ftp://" 开始。

4）HTML

HTML 是一种超文本标记语言，是 Internet 的标准文件格式，用于定义网页的格式和分配网络信息。比如我们在网络上见到的网页，通常包含文本、图片、动画、声音和视频信息，以及可以访问其他网页的超级链接，这些都是 HTML 允许定义的格式。也就是说，Internet 上的信息是通过 HTML 格式来组织的。

3. Internet 中一些常见术语

在上网的过程中，我们常常会遇到一些网络术语，为了让大家更快地了解网络知识，我们把常用的网络术语简介如下：

（1）WWW：WWW 是英文 World Wide Web 的缩写。它是漫游 Internet 的重要工具，可以用来处理文字、图像、声音等多媒体信息。它由许多连接到网络上的服务器组成，并通过特定的浏览器与服务器交换信息，如微软公司的 IE 浏览器，网景公司的 Navigator 浏览器等。通过 WWW，每一个单位、企业或个人都可以发布自己的信息主页，用以传递信息或向客户提供服务。

（2）电子邮件（E-mail）：电子邮件是包括文字、图像、声音、动画等多媒体信息的信件或文件。这是一种便捷的利用计算机和通信网络传递信息的现代化手段。我们国家最早应用的 Internet 的功能就是传送电子邮件。电子邮件相对于传统邮件，内容更丰富，速度更快。要发送电子邮件，收、发件人都要有 E-mail 地址，即电子邮箱。

（3）IM（Instant Messaging），即即时通信，是一种基于 Internet 的即时交流信息的技术，允许两人或多人使用网络即时地传递文字信息、档案、语音与视频等。目前 Internet 上有多种 IM 服务，比较流行的即时通信软件有 QQ、MSN 等。

（4）HTTP：超文本传输协议（HyperText Transfer Protocol）是一种详细规定了浏览器和服务器之间互相通信规则，通过 Internet 传送万维网文档的数据传送协议。

（5）文件传输服务：FTP 是文件传输协议（File Transfer Protocol）的缩写。FTP 服务即文件传输服务，是 Internet 中重要的功能之一。FTP 服务是指将 Internet 上的用户文件传送到服务器上（上传）或者将服务器上的文件传送到本地计算机中（下载）。它是广大用户获得丰富的 Internet 资源的重要方法。远程提供 FTP 服务的计算机称为 FTP 服务器站点。

（6）远程登录 Telnet：这是 Internet 较早提供的服务之一，即在网络协议的支持下，我们的计算机可以成为远程计算机的一个终端，享用远程计算机上开放的所有资源。

（7）电子公告板（BBS）：也称为网络论坛，是一种用于公布信息和提供网上专题讨论、交流的系统，能提供邮件讨论、软件下载、在线聊天等多种服务。

（8）Usenet：即网络新闻组，简单地说就是一个基于网络的计算机组合，这些计算机被称为新闻服务器，不同的用户通过一些软件可连接到新闻服务器，阅读其他人的消息并可以参与讨论。

（9）调制解调器（Modem）：调制解调器是上网必备的设备。它的作用是将计算机中的数字信号转换成模拟信号，发送到传送介质上，这就是调制；将接收到的模拟信号转换成数字信号传送给计算机，这就是解调。通过调制和解调，才能实现计算机与网络的信息交换。

（10）带宽：带宽是指通信线路传输数据的速度。带宽越大，传输数据的速度就越快。带宽的单位为 bit/s，好的电话网络的带宽是 56kbit/s，普通的以太网带宽可以达到 10Mbit/s，有线电视宽带网能提供 100Mbit/s 的带宽。将来的高速宽带网能提供 100Mbit/s～1000Mbit/s 的带宽。

（11）浏览器：用于搜索、查找、查看和管理网络上信息的一种带图形交互式界面的应用软件。

（12）防火墙：用于将 Internet 的子网和 Internet 的其他部分隔离，以实现网络安全和信息安全的软件和硬件设施。

（13）ISP（Internet Service Provider）：互联网服务提供商，即向广大用户提供互联网接入业务、信息业务和增值业务的电信运营商。

（14）SMTP（Simple Mail Transfer Protocol）：简单邮件传输协议，它是一组用于由源地址到目的地址传送邮件的规则，由它来控制邮件的中转方式。通过 SMTP 所指定的服务器，就可以把 E-mail 传送到收件人的服务器上。

（15）POP3（Post Office Protocol 3）：邮局协议的第 3 个版本，它是规定个人计算机如何连接到互联网上的邮件服务器来收发邮件的协议。POP3 服务器是遵循 POP3 的接收邮件服务器。

5.2.5　计算机信息安全

1．计算机信息安全的基本概念

1）计算机信息的基本概念

计算机信息系统是由计算机及其相关的配套设备、设施（含网络）构成的，并按照一定的应用目标和规则对信息进行加工、存储、传输、检索等处理的人机系统。

信息是由描述客观事物运动状态及运动方式的数据，按一定目的组织起来的、具有一定结构的数据集合。数据是构成信息的原始材料。信息在人类活动中起着重要的作用，是人类认识和发展的阶梯。信息的形式包含文字、图形、照片、声音等。根据其内容的使用价值，信息一般可以分成三类：消息、资料和知识。

- 消息是指单条信息的记录，如新闻报道。
- 资料是相关信息记录的集合，如统计报表。
- 知识是在资料的基础上，经过整理、分析、总结和验证而提炼出来的客观规则和法则，是人类文明发展的精神财富，如论文、著作等。

综上所述，计算机信息系统是一个人机系统，包括三部分：计算机、实体信息、人。

2）计算机信息安全的范畴

- 实体安全：保护计算机设备、设施（含网络）及其他介质免遭破坏的措施、过程。
- 运行安全：信息处理过程中的安全，是一个重要环节。
- 信息安全：保证信息在保密性、完整性、可用性、可控性方面不受损害。
- 人员安全：主要是指计算机工作人员的安全意识、法律意识、安全技能等。人员安全主要通过法规宣传、安全知识学习、职业道德教育和业务培训等实现。

2．计算机信息安全面临的威胁

1）计算机信息的脆弱性

① 信息处理环节中存在的不安全因素。

- 数据输入部分：输入的数据容易被篡改或输入假数据。
- 数据处理部分：数据处理部分的硬件容易被破坏或盗窃，并且容易受电磁干扰或电磁辐射而造成信息泄露。
- 数据传输：通信线路上的信息容易被截获，线路容易被破坏。
- 软件：操作系统、数据库系统和程序容易被修改或破坏。
- 数据输出部分：输出信息的设备容易造成信息泄露或被窃取。
- 存取控制部分：系统的安全存取控制功能还比较薄弱。

② 计算机信息自身的脆弱性：计算机操作系统、计算机网络系统、数据库管理系统等的脆弱性。

③ 其他不安全因素：存储密度高、数据的可访问性（信息能被复制而不留任何痕迹）、信息聚生性（收集大量信息进行自动、高效的处理，产生较大的价值）、保密困难性、介质的剩磁效应、电磁泄漏性、信息介质的安全隐患。

2）信息系统面临的威胁

信息系统面临的威胁：自然灾害构成的威胁、人为或偶然事故构成的威胁、计算机病毒的威胁等。

3）计算机信息受到的攻击

① 对计算机信息的人为故意威胁称为攻击。

② 威胁和攻击的对象可分为两类：实体、信息。

③ 信息攻击的目的：针对信息保密性、完整性、可用性、可控性的破坏。

④ 主动攻击是指篡改信息的攻击，包括以下内容：窃取并干扰通信线路中的信息、返回渗透、线间插入、非法冒充；系统人员窃取和毁坏系统数据、信息的活动等。

⑤ 被动攻击是指一切窃密的攻击（不干扰系统正常使用），包括以下内容：直接侦收、截获信息、合法窃取、破译分析、从遗弃的介质中分析获取信息。

4）信息安全性破坏

信息安全性破坏包括破坏信息的可用性、破坏信息的完整性、破坏信息的保密性。

3．计算机信息安全技术

（1）计算机信息系统安全保护的逻辑层次如图 5-12 所示。

（2）计算机信息的实体安全。

（3）信息运行安全技术：是计算机安全领域中重要的环节之一。

（4）计算机信息安全技术是指信息安全性的防护技术。

- 操作系统的安全保护。
- 数据库的安全保护。
- 访问控制。
- 密码技术。

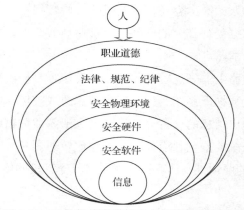

图 5-12　计算机信息系统安全保护的逻辑层次

5.2.6　计算机病毒及其防治

1．计算机病毒的概念

计算机病毒（Computer Virus）实质上是一种特殊的计算机程序，这种程序具有自我复制能力，可非法入侵并隐藏在存储介质的引导部分、可执行程序或数据文件的可执行代码中。当病毒被运行而激活时，病毒能把自身复制到其他程序内，影响和破坏正常程序的执行和数据的正确性，有些病毒在特定的条件下，会产生很大的破坏性。计算机一旦感染病毒，就有可能将病毒扩散，这种现象和生物病毒在生物体内传染一样，"病毒"一词就是借用生物病毒的概念。因此，现在一般认为，计算机病毒是能够侵入计算机系统的并给计算机系统带来故障的一种具有自我繁殖能力的特殊程序。

计算机病毒是计算机科学发展过程中出现的"污染"，它可以造成重大的政治、经济危害。因此，舆论谴责计算机病毒是"射向文明的黑色子弹"。

2．计算机病毒的特点

- 破坏性。破坏是广义的，不仅仅指破坏系统，删除或修改数据，甚至可以格式化整个磁盘，还包括占用系统资源，降低计算机的运行效率等。
- 传染性。它能够主动地将自身的复制品或变种传染到其他未染毒的程序上。
- 寄生性。它是一种特殊的寄生程序。通常它不是一个完整的计算机程序，而是寄生在其他可执行的程序上，因此它能享有被寄生的程序所能得到的一切权利。
- 隐蔽性。病毒程序通常短小精悍，寄生在其他程序上使其难以被发现。在外界激发条件出现之前，病毒可以在计算机内的程序中潜伏、传播。
- 欺骗性。当运行受感染的程序时，病毒程序能首先获得计算机系统的监控权，进而能监视计算机的运行，并传染其他程序，但不到发作时机，整个计算机系统看上去一切如常。其欺骗性使广大计算机用户对病毒失去应有的警惕性。
- 触发性。计算机病毒的编制者预先设置好病毒发作的条件。在条件不满足的情况下，即使运行感染病毒的程序，病毒也不会发作。
- 顽固性。清除计算机病毒是相当困难的。在计算机网络上，病毒不但传播得快，而且往往很难被根除。另外，计算机病毒发作以后，它所破坏的数据往往很难被恢复。

3．计算机病毒的常见症状

虽然很难检测计算机病毒，但是留心计算机的运行情况还是可以发现计算机感染病毒的一些异常症状的。下面是常见的病毒感染症状：

（1）磁盘文件数目无故增多。

（2）系统的内存空间明显变小，现象是程序执行时间明显变长，正常情况下可以运行的程序却突然因内存不足而不能装入或运行，程序加载时间比平时明显变长。

（3）感染病毒的可执行文件的长度通常会明显增加。

（4）计算机经常出现死机现象或不能正常启动。

（5）显示器上经常出现一些莫名其妙的信息或异常现象。

随着病毒制造者和反病毒者双方较量的不断深入，病毒制造者的技术水平越来越高，病毒的欺骗性、隐蔽性也越来越强。只有在实践中细心观察才能发现计算机的异常现象。

4．计算机病毒的防治

感染病毒以后用反病毒软件检测和清除病毒是被迫的处理措施。况且已经发现相当多的病毒在感染程序之后会永久性地破坏被感染程序，如果程序没有备份将无法恢复。因此，对计算机病毒采取"预防为主"的方针是积极、合理、有效的。人们从工作实践中总结出一些预防计算机病毒的简易可行的措施，这些措施实际上要求用户养成良好的使用计算机的习惯，具体归纳如下：

（1）专机专用。制定科学的管理制度，对重要部门应采用专机专用，禁止无关人员接触该系统，防止潜在的病毒入侵。

（2）利用写保护。对于那些保存了重要数据文件且不需要经常写入的磁盘，应使其处于写保护状态，以防止病毒入侵。

（3）固定启动方式。对于配有硬盘的机器，应该从硬盘启动系统，如果非要用 U 盘启动系统，一定要保证 U 盘是无病毒的。

（4）慎用网上下载的软件。Internet 是病毒传播的一个途径，对从网上下载的软件最好检测后再用。

（5）谨慎对待电子邮件。不要阅读不相识的人员发来的电子邮件。

（6）建立备份。对于每个购置的软件应制作副本，定期备份重要的数据文件，以免遭受病毒危害后无法恢复。对于数据、文档和程序应分类备份保存。

（7）使用防病毒卡或病毒预警软件，杀毒软件只能查杀已知病毒，无法识别未知病毒。

（8）定期检查。定期用杀毒软件对计算机系统进行检查，发现病毒应及时清除。

计算机病毒的防治宏观上讲是一个系统工程，除了技术手段，还涉及诸多因素，如法律、教育、管理制度等。

5.3 数据库技术

5.3.1 数据库及数据库系统

数据库技术是随着对数据管理技术的需要而发展起来的。数据管理技术是指对数据进行分类、组织、编码、存储、检索和维护的技术。数据管理技术的发展又是和计算机及其应用的发展密不可分的。简而言之，数据库技术就是运用计算机进行数据管理的新技术。

我们身边的数据库如下：

- 你的身份证或户籍信息存储在居民信息管理中心的数据库中。
- 你的手机或电话信息存储在移动或电信公司的信息管理中心的数据库中。
- 你的银行（信用）卡信息存储在银行信息管理中心的数据库中。

- 你订车票、机票或酒店时，这些信息由相应的数据库存储和处理。

- ……

数据是信息的物理表示和载体，数据经过处理、组织并赋予一定关联和意义后即成为信息。数据库中的数据是可以通过特定设备输入计算机中，并可以进行储存、处理和传输的各种数字、字母、文字、声音、图片和视频的总称。数据库中的信息是有关客观世界的可表示的真知，向人或计算机提供有关事物的事实和知识；是经过加工处理并对人类客观行为产生影响，且具有一定价值的数据表现形式。信息不但具有可感知、可存储、可加工、可传递和可再生等自然属性，而且是有价值的，价值体现在它的准确性、及时性、完整性和可靠性等方面。信息和数据是不可分离而又有一定区别的概念，但在许多场合，信息与数据两个术语并不严格加以区别，如信息处理又常称为数据处理。

数据处理是指将数据转换成信息的过程。广义地讲，数据处理包括对数据的收集、存储、加工、分类、检索、传播等一系列活动。狭义地讲，数据处理是指对所输入的数据进行加工处理。数据与信息的关系可以简单地表示为：信息＝数据＋处理。数据仅仅是人们用各种工具和手段观察外部世界所得到的原始材料，它本身没有任何意义，它只是直接描述事件（情）发生了什么变化，并不能完整准确地提供对事件（情）进行判断、决策和行动的可靠依据。对数据进行分析，找出其中的关系，赋予数据某种意义和关联，就形成所谓信息。

数据处理的一个重要方面就是数据管理，计算机对数据的管理是指对数据的组织、分类、编码、存储、检索和维护提供操作手段和途径。数据管理技术经历了由低级到高级的发展过程，其水平随着计算机硬件和软件技术的发展而不断提高，数据管理技术的发展可以归纳为三个阶段：

人工管理阶段：数据不保存、数据不能共享、数据不具有独立性。

文件系统阶段：数据可以长期保存，由应用程序管理数据，数据依赖性强，但数据共享性差，数据存在不一致性，数据之间联系弱。

数据库管理系统阶段：数据模型表示复杂的数据结构，具有较高的数据共享性和较小的数据冗余度及较高的数据独立性。数据库管理系统为用户提供了方便的接口。数据库管理系统提供了数据控制功能，增强了系统的灵活性。

数据库系统（DBS）由数据库、数据库管理系统及相应的应用程序组成。数据库系统不但能够存放大量的数据，更重要的是能迅速、自动地对数据进行增删、检索、统计、排序、合并等操作，为人们提供有用的信息。这一点是传统的文件系统无法做到的。

- 数据库（DataBase，DB）是指按照一定数据模型存储的数据集合。如学生的成绩信息、工厂仓库物资的信息、医院的病历、人事部门的档案等都可分别组成数据库。

- 数据库管理系统（DataBase Management System，DBMS）是能够对数据库进行加工、管理的系统软件。其主要功能是建立、删除、维护数据库及对数据库中的数据进行各种操作，从而得到有用的结果。如曾经或正在流行的 dBaseIII、Visual FoxPro、SQL Server、Sybase、Oracle、MySQL 等都属于数据库管理系统，它们通常自带语言进行数据操作。

5.3.2 数据库管理系统的功能

数据库管理系统（DBMS）是一种操纵和管理数据库的大型软件，用于对数据库进行统一的管理和控制，以保证数据库的安全性和完整性。用户通过 DBMS 访问数据库中的数据，数据库管理员也通过 DBMS 进行数据库的维护。它提供多种功能，可使多个应用程序和用户用不同的方法同时或在不同时刻去建立、修改和查询数据库。它使用户能方便地定义和操纵数据，维护数据的安全性和完整性，以及进行多用户下的并发控制和恢复数据库。

1．数据库的定义

DBMS 提供 DDL（Data Define Language，数据定义语言）定义数据库的结构，包括外模式、内模式及其相互之间的映像，定义数据的完整性约束、保密限制等约束条件。

定义工作是由 DBA（数据库管理员）完成的。DBMS 中包括 DDL 的编译程序，它把用 DDL 编写的各种源模式编译成相应的目标模式。这些目标模式是对数据库的描述，而不是数据本身，它们是数据库的框架（结构），并被保存在数据字典中，供以后进行数据操纵或数据控制时查阅使用。

2．数据库的操纵

DBMS 提供数据操纵语言（Data Manipulation Language，DML）实现对数据库的操作。基本的数据操作有四种：检索、插入、删除和修改。

DML 有两类：一类是嵌在宿主语言中使用的，例如嵌在 VB、C 等高级语言中，这类 DML 称为宿主型 DML；另一类是可以独立交互使用的 DML，称为自主型 DML 或自含型 DML。DBMS 中必须包括 DML 的编译程序或解释程序。

3．数据库的运行控制

数据安全性控制是对数据库的一种保护，它的作用是防止未授权用户存取数据库中的数据。数据完整性控制是 DBMS 对数据库提供保护的另一个重要方面。完整性是指数据的准确性和一致性的程度。多用户环境下的并发控制是 DBMS 的第三类控制机制。并发控制机构能正确处理多用户、多任务环境下的并发操作。数据库的恢复机构就有能力把数据库从被破坏的、不正确的状态，恢复至以前某个正确的状态。DBMS 其他的控制功能还有系统缓冲区的管理及数据存储的某些自适应调节机制等。

4．数据库的维护

数据库的维护包括数据库初始数据的载入、转换功能，转储功能，重组织功能和性能监视、分析功能等。这些功能大都由各个实用程序来完成，例如装配程序（装配数据库）、重组程序（重新组织数据库）、日志程序（用于更新操作和数据库的恢复）和统计分析程序等。

5. 数据库的组织、存储和管理

负责数据的组织与存取的程序，有文件读写与维护程序、存取路径（如索引）管理程序、缓冲区管理程序（包括缓冲区读、写和淘汰模块），这些程序负责维护数据库中的数据和存取路径，提供数据在外围存储设备上的物理组织与存取方法。

6. 数据库的通信

DBMS 提供数据库系统与其他软件系统的接口和集成功能。除了集中式的数据库体系结构，用户对数据库的访问都是通过网络进行的。通常 DBMS 将访问请求作为通信消息接收，并且以同样的方式进行回复。所有这些转换都是通过数据通信管理器（Data Communication Manager，DCM）处理的。虽然 DCM 不是 DBMS 的组件，但是必须能够实现两者的对接或集成。

5.3.3　数据库结构与数据库设计

1. 数据库结构

数据库中的数据是通过特定的数据结构进行组织和关联的。数据模型本身表示一种组织，它提供基本的概念和表示方法，使得数据库设计人员和最终用户能清楚地交流他们对组织数据的理解。

数据模型是现实世界中各种实体之间存在联系的客观反映，它用记录描述实体信息的基本结构，它要求实体和记录一一对应，同一记录类型描述同一类实体且必须是同质的。

基于记录的数据模型，要求数据库由若干不同类型的固定格式的记录组成。每个记录类型有固定数量的域，每个域有固定的长度。

基于记录的逻辑数据模型有层次模型、网状模型和关系模型三类。它们是依据描述实体与实体之间联系的不同方式来划分的。用树结构来表示实体和实体之间联系的模型称为层次模型；用图结构来表示实体和实体之间联系的模型称为网状模型；用二维表格表示实体和实体之间联系的模型称为关系模型。

关系模型是目前数据库普遍采用的一种数据结构模型。由关系模型组成的数据库称为关系数据库，而管理关系数据库的软件称为关系数据库管理系统。关系数据库管理系统是公认的、最有前途的一种数据库管理系统，目前已成为占据主导地位的数据库管理系统。如大型数据库管理系统 Oracle、SQL Server、DB2、Sybase 等，中小型数据库管理系统 Informix、Visual FoxPro 和 MS Access 等。

关系模型是建立在严格的数学概念基础上的，由关系数据结构、关系操作集合和关系完整性约束三部分组成。关系模型把一些复杂的数据结构归结为简单的二元关系（二维表格形式，由行和列组成）。

如图 5-13 所示，表中每一行表示一个记录（Record），每一列表示一个属性（字段或数据项）。能够唯一标识表中每一个记录的一个或多个字段的最小组合称为关键字，例如学生文件中，学号可以唯一地标识每个学生记录，所以学号是关键字。作为一个关系的二维表，必须满足以下条件：表中每一列必须是基本数据项（不可再分解）；表中每一列必须具有相同的数据类型（例如字符型或数值型）；表中每一列的名称必须是唯一的；表中不应有内容完全相同的行；行的顺序与列的顺序不影响表中信息的含义。

学生基本情况

学号	姓名	性别	出生年月	入学时间	专业	电话	地址
070201001	黄蓉	女	1989/2/15	2007/9/1	财会	136xxxx5678	上海未名路5号
070401015	郭靖	男	1988/9/05	2007/9/1	自动化	138xxxx5678	北京未名路34号
070511008	张无忌	男	1989/11/1	2007/9/1	计算机	133xxxx5678	杭州未名路45号
070301121	周芷若	女	1989/12/25	2007/9/1	外贸	135xxxx5678	广州未名路55号

一个 m 行、n 列的二维表格的结构

	属性1	属性2	属性3	属性4	…	属性n
记录1	……	……	……	……	……	……
记录2	……	……	……	……	……	……
⋮						
记录m	……	……	……	……	……	……

图 5-13　关系模型

2. 数据库设计

构架数据库是一项关键而复杂的工作，合理周密的设计是创建能够有效、准确、及时地完成所需功能的数据库的基础。数据库设计需要确定：把相关联的数据存储在数据库中的哪几个表对象中？每个表对象应该包含哪些类型的数据（字段与记录）？各个表对象之间如何建立联系（关键字与关联）？

分析数据需求，确定概念模型的元素：基于对象的数据模型称为概念模型，使用了实体、属性和联系等概念。实体是数据库描述的组织中独立的对象（人、事件、概念和地点等）；属性描述对象的某个需要记录的特征或性质；联系是实体之间的关联。

实体联系模型是数据库设计的重要技术，也是最常用、最基础的概念模型。

用 E-R 图表示概念模型。E-R 图（实体-联系图），提供了表示实体、属性和联系的方法，用来描述现实世界的概念模型，如图 5-14 所示。构成 E-R 图的基本要素是实体、属性和联系，其表示方法为：实体用矩形框表示，矩形框内写明实体名；属性用椭圆形框表示，并用无向边将其与相应的实体连接起来，带下画线的属性为主键；联系用菱形框表示，菱形框内写明联系名，并用无向边与有关实体连接起来，同时在无向边旁标上联系的类型（1∶1，1∶n 或 $m∶n$）。

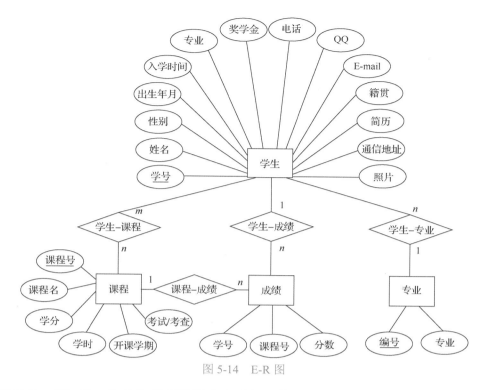

图 5-14　E-R 图

根据 E-R 图，进一步构架关系数据库表对象及其相关元素，然后确定字段的数据类型：文本（Text）、备注（Memo）、数字（Byte、Integer、Long、Single、Double）、日期/时间（Date/Time）、货币（Currency）、自动编号、是/否（Boolean）、OLE 对象（Binary）、超级链接（Hyperlink）、查询向导（Lookup Wizard）等。

数据库技术是计算机技术中发展最快、应用最广的一个分支。在信息社会中，计算机应用开发离不开数据库。因此，了解数据库技术，尤其是微型计算机环境下的数据库应用是非常必要的。

5.4　习题

单项选择题

1．Windows 2000 操作系统是一个（　　　）

  A．单用户、多任务操作系统   B．单用户、单任务操作系统

  C．多用户、单任务操作系统   D．多用户、多任务操作系统

2．操作系统是（　　　）的接口。

  A．用户与软件   B．系统软件与应用软件

  C．应用软件之间   D．用户与计算机

3. 下列软件中，属于应用软件的是（　　　）。

    A．UNIX　　　　　B．WPS　　　　　C．Windows 98　　D．DOS

4. （　　　）是指专门为某一应用目的而编制的软件。

    A．系统软件　　　　　　　　　　　B．数据库管理系统

    C．操作系统　　　　　　　　　　　D．应用软件

5. Windows 2000/Windows XP 是一种（　　　）。

    A．操作系统　　　　　　　　　　　B．应用程序

    C．文字处理系统　　　　　　　　　D．数据库系统

6. 最基础、最重要的系统软件是（　　　）

    A．数据库管理系统　　　　　　　　B．文件处理软件

    C．操作系统　　　　　　　　　　　D．电子表格软件

7. 计算机感染病毒后彻底的杀除方式是（　　　）。

    A．用查毒软件处理　　　　　　　　B．删除磁盘文件

    C．用杀毒药水处理　　　　　　　　D．格式化磁盘

8. 下列关于计算机病毒的叙述中，错误的是（　　　）。

    A．计算机病毒是一个标记或命令

    B．计算机病毒是人为制造的一种程序

    C．计算机病毒是一种通过磁盘、网络等传播、扩散并传染其他程序的程序

    D．计算机病毒是能够实现自身复制，并能借助介质存储，具有潜伏性、传染性和
      破坏性的程序

9. 计算机病毒主要造成（　　　）的破坏。

    A．磁盘　　　　　　　　　　　　　B．磁盘驱动器

    C．磁盘与其中的程序和数据　　　　D．程序和数据

10. 计算机病毒会造成计算机（　　　）的损坏。

    A．硬件、软件和数据　　　　　　　B．硬件和软件

    C．软件和数据　　　　　　　　　　D．硬件和数据

11. 杀毒软件能够（　　　）。

    A．清除已感染的所有病毒

    B．发现并阻止任何病毒的入侵

    C．阻止对计算机的侵害

    D．发现病毒入侵的某些迹象并及时清除或提醒操作者

12. 计算机病毒的特点是（　　　）。

    A．传播性、潜伏性、破坏性　　　　B．传播性、潜伏性、易读性

    C．潜伏性、破坏性、易读性　　　　D．传播性、潜伏性、安全性

13．计算机病毒是一种（　　）。

　　A．程序　　　　　　　　　　　　B．电子元件

　　C．微生物病毒　　　　　　　　　D．机器部件

14．计算机病毒是在计算机内部或系统之间进行自我繁殖和扩散的程序，自我繁殖是指（　　）。

　　A．自我复制　　　　　　　　　　B．人与计算机间的接触

　　C．移动　　　　　　　　　　　　D．程序修改

15．下列（　　）不是计算机病毒的主要特点。

　　A．传染性　　　　　　　　　　　B．破坏性

　　C．隐蔽性　　　　　　　　　　　D．通用性

16．下列（　　）软件不是 WWW 浏览器。

　　A．Internet Explorer　　　　　　B．Mosaic

　　C．Netscape Navigator　　　　　D．C++Builder

17．单击主页上的任何（　　）可以进入该链接所指向的网页。

　　A．文字　　　　　B．图片　　　　　C．链接　　　　　D．动画

18．下列网站中，属于 Internet 的 WWW 搜索引擎的是（　　）。

　　A．Simtel　　　　B．Yahoo　　　　C．CISCO　　　　D．Winfiles

19．下列地址中，属于 FTP 服务器的 Internet 地址的是（　　）。

　　A．ftp://ftp.microsoft.com　　　　B．html://ftp.microsoft.com

　　C．http://ftp.microsoft.com　　　　D．www://ftp.microsoft.com

20．广域网和局域网是按照（　　）来划分的。

　　A．网络使用者　　　　　　　　　B．网络连接距离

　　C．信息交换方式　　　　　　　　D．传输控制规程

21．Internet 是世界上规模最大的广域网，其含义是（　　）。

　　A．国际互联网　　　　　　　　　B．公用计算机互联网

　　C．国际电信网　　　　　　　　　D．公众多媒体通信网

22．从网络通信技术的观点来看，Internet 是一个以（　　）通信协议连接各个国家、各个部门、各个机构计算机网络的数据通信网。

　　A．TCP　　　　　B．IP　　　　　C．TCP/IP　　　　D．FTP

23．URL 的意思是（　　）。

　　A．统一资源定位系统　　　　　　B．简单邮件传输协议

　　C．Internet 协议　　　　　　　　D．传输控制协议

24．Internet 能提供的基本服务有（　　）。

　　A．Newsgroup、Telnet、E-mail、Gopher

B. E-mail、WWW、FTP、Telnet

C. Gopher、Finger、WWW、Telnet

D. Telnet、FTP、WAIS、Gopher

25. 发送邮件的协议是（　　）。

A. SMTP　　　　B. X.400　　　　C. POP3　　　　D. HTTP

26. 接收邮件的协议是（　　）。

A. SMTP　　　　B. X.400　　　　C. POP3　　　　D. HTTP

27. 计算机网络的目标是实现（　　）。

A. 数据处理　　　　　　　　　B. 文件检索

C. 资源共享和数据传输　　　　D. 信息传输

28. 计算机网络的分类主要依据（　　）。

A. 传输技术与覆盖范围　　　　B. 传输技术与传输介质

C. 互连设备的类型　　　　　　D. 服务器的类型

29. 计算机网络按照其覆盖的地理范围可以分为（　　）。

Ⅰ. 局域网　　Ⅱ. 城域网　　Ⅲ. 数据通信网　　Ⅳ. 广域网

A. Ⅰ和Ⅱ　　　　　　　　　B. Ⅲ和Ⅳ

C. Ⅰ、Ⅱ和Ⅲ　　　　　　　D. Ⅰ、Ⅱ和Ⅳ

30. 下列网络属于广域网的是（　　）。

A. Internet　　　　　　　　B. 校园网

C. 企业内部网　　　　　　　D. 以上网络都不是

31. 若某一用户要拨号上网，（　　）是不必要的。

A. 一个路由器　　　　　　　B. 一个调制解调器

C. 一个上网账号　　　　　　D. 一条普通的电话线

32. 下面（　　）可能是一个合法的域名。

A. ftp.pchome.cn.com　　　　B. pchome.ftp.com.cn

C. www.ecust.edu.cn　　　　　D. www.citiz.cn.net

33. 下面关于域名的表述中，正确的是（　　）。

A. cn 代表中国，com 代表商业机构

B. cn 代表中国，edu 代表科研机构

C. uk 代表美国，gov 代表政府机构

D. uk 代表中国，ac 代表教育机构

34. 在 Internet 上，域名地址的后缀为 cn 的含义是（　　）。

A. 美国　　　　　　　　　　B. 中国台湾

C. 中国香港　　　　　　　　D. 中国大陆

35. 如果电子邮件到达时，你的计算机没有开机，那么电子邮件将（　　）。

　　A．保存在服务商的主机上　　　　　B．退回给发件人

　　C．过一会儿对方再重新发送　　　　D．永远不再发送

36. 下列内容中，不属于 Internet 基本功能的是（　　）。

　　A．电子邮件　　　　　　　　　　　B．文件传输

　　C．远程登录　　　　　　　　　　　D．实时监测控制

37. 用 IE 上网时，要进入某一网页，可在 IE 的 URL 栏中输入该网页的（　　）。

　　A．IP 地址　　　　　　　　　　　　B．域名

　　C．实际的文件名称　　　　　　　　D．IP 地址或域名

38. "E-mail" 一词是指（　　）。

　　A．电子邮件　　　　　　　　　　　B．一种新的操作系统

　　C．一种新的字处理软件　　　　　　D．一种新的数据库软件

39. 以下（　　）不是数据库的特点。

　　A．有结构　　　　　　　　　　　　B．可共享

　　C．数据长期保存　　　　　　　　　D．有文件结构

40. 在数据库的基本概念中，DBS 是指（　　）。

　　A．数据库管理系统　　　　　　　　B．数据库系统

　　C．数据库　　　　　　　　　　　　D．数据库管理员

41. 以下说法中正确的是（　　）。

　　A．DBMS 包括 DB 和 DBS

　　B．DBS 包括 DB 和 DBMS

　　C．DB 包括 DBS 和 DBMS

　　D．DBS 就是 DB，也就是 DBMS

42. （　　）是位于用户与操作系统之间的一层数据管理软件。

　　A．DB　　　　　　　　　　　　　　B．DBS

　　C．DBMS　　　　　　　　　　　　　D．DBA

43. 数据库的建立、使用和维护只靠 DBMS 是不够的，还需要有专门的人员来操作，这些人员称为（　　）。

　　A．高级用户　　　　　　　　　　　B．数据库管理员

　　C．数据库用户　　　　　　　　　　D．数据库设计员

44. 设每个班级只能有一个辅导员，而一个辅导员可以管理若干个班级，则实体"辅导员"与实体"班级"之间的联系是（　　）。

　　A．一对一　　　　　　　　　　　　B．一对多

　　C．多对多　　　　　　　　　　　　D．任意的

45. 在关系模型中，现实世界中的实体及实体之间的各种联系均以（　　）的形式来表示。

    A．实体　　　　　B．属性　　　　　C．元组　　　　　D．关系

46. 在一个关系中，不能有相同的（　　）。

    A．数据项　　　　B．属性　　　　　C．分量　　　　　D．域

47. 数据库管理系统能对数据库数据进行添加、修改和删除等操作，这种功能称为（　　）。

    A．数据定义功能　　　　　　　　　B．数据管理功能

    C．数据操纵功能　　　　　　　　　D．数据控制功能

48. 表中的一列叫作（　　）。

    A．二维表　　　　B．关系模式　　　C．记录　　　　　D．字段

49. 如果在创建表时建立字段"学号"，其数据类型应当为（　　）。

    A．文本类型　　　　　　　　　　　B．货币类型

    C．日期类型　　　　　　　　　　　D．自动编号类型

习题讲解第 5 章

人工智能基础

6.1 人工智能的定义和发展

6.1.1 人工智能的起源

1956 年夏，McCarthy 与 Minsky、Rochester、Shannon 等共同举办了第一次人工智能学术研讨会，大会在 Dartmouth 大学举行，历时二月余。参与人包括一批数学家、心理学家、神经生理学家、计算机科学家。

在大会上，McCarthy 提出了人工智能（Artificial Intelligence）这个词，并沿用至今。这标志着人工智能这门学科的正式诞生。McCarthy 把人工智能定义为：

"AI is a field of study that seeks to explain and emulate intelligent behaviors in terms of computational processes."

人工智能追求用计算的方式解释和模拟智能行为。

这个会议为人工智能研究确定的目标是：研究智能的一般规律；用计算机程序模拟智能过程，即建立智能过程计算模型。不久之后，在美国形成了三个从事人工智能研究的专门组织，这些组织是现在美国的几个人工智能研究中心的前身：

- 以 A.Newell 和 H.Simon 为首的卡内基梅隆大学小组。
- 以 J.McCarthy 和 M.Minsky 为首的麻省理工学院（MIT）研究组。
- 以 A.Samuel 为首的 IBM 工程课题研究组。

在 1956 年后的十年内，人工智能研究产生了一些引人注目的成就。

- A.Newell 和 H.Simon 研制了 LT 程序，证明罗素所著的《数学原理》中第 2 章的 52 个定理。
- A.Samuel 研制了西洋跳棋程序，它具有自学习、自组织、自适应能力，能够向人学习下棋，不断积累经验，以提高棋技。1959 年该程序击败了 Samuel 本人，1962 年击败了美国一个州的跳棋大师。
- 王浩，在 IBM704 计算机上证明了《数学原理》中的有关命题演算的 220 条定理，以及带等式谓词演算的 150 条定理的 85%。
- A.Newell 编制了"通用问题求解器"（GPS），用它可解决 11 类问题。该程序利用启发式搜索技术完成，从而也证明启发式搜索技术具有普遍意义。

- J.McCarthy 发明了 LISP 语言。它不仅能进行数值计算，还能进行符号处理，许多人工智能专家对它给予了高度评价。到现在，LISP 语言也是广泛流行的两大人工智能语言之一。
- Robinson 独辟蹊径，提出了归结演绎方法，当时被认为是一个重大突破，掀起了研究机械定理证明的又一个高潮。

6.1.2　人工智能的发展

1．机器人时期（20 世纪 60 年代中后期）

20 世纪 60 年代中后期，人工智能研究的核心是机器人，主要是工业机器人。机器人的研究主要侧重以下几个方面：感知、理解环境、进行判断和推理、操纵工具，以及模拟人完成一定动作、规划（机器人规划）。

着眼点：探索行动和智能的联系，以自动计划生成的问题求解能力为研究重点。

机器人的应用主要有下列方面：工业装配机器人、喷漆机器人、产品检验机器人、在其他危险环境下工作的机器人。

模式识别的研究在这个时期也取得了很多成就。图像处理的很多基本算法是在这个时期提出来的。

2．知识工程时期（1969 年至 20 世纪 80 年代后期）

人工智能在 20 世纪 60 年代中期遇到了困难：

- Robinson 的归结演绎方法有局限性，在用归结方法证明两个连续函数之和仍是连续函数时，推导了 10 万步，还是未证明出来。
- A.Samuel 的西洋跳棋程序未取得进一步的突破，与世界冠军 Helmann 对局四盘，全败下阵来。另外，人们发现 A.Samuel 的西洋跳棋程序之所以聪明，是因为 A.Samuel 本人为这个程序设定了很好的参数。其学习能力在于参数的不断调整。这不具有普遍性。
- "逻辑推理-空间搜索"都存在组合爆炸问题，从一般的抽象思维规律出发求解问题时，这个问题是不可避免的。但人在遇到这类问题时，很聪明地应用了知识和经验。

斯坦福大学的年轻教授 Feigenbaum 指出：人工智能的研究发生了转变，从探索广泛普遍的思维规律转向智能行为的中心问题，即评价特定的知识——事实、经验知识及知识的运用。用机械装置模拟人的智能——人工智能及其同类的科学试探了多条道路，条条道路汇合在一个中心问题上，所有智能活动，即理解、解决问题的能力，甚至学习能力，都完全依靠知识。

Feigenbaum 开创了人工智能的一个重要应用领域——专家系统。

1969 年专家系统 DENTRAL 的诞生标志着人工智能的专家系统时代的来临。MYCIN 医学诊疗专家系统对专家系统技术的形成产生了巨大的推动作用；DART 专家系统是专家系统在军事上成功应用的典范。

20 世纪 80 年代中后期，专家系统的研究遇到了一些困难：知识获取瓶颈，在预定义的范围之外，性能急剧下降。问题的根源是缺乏原理知识和常识。因此，相关研究者提出了第 2 代专家系统的概念，探索不同的知识系统技术：多推理方法，多表示方法，大规模知识库系统，按问题类建造专家系统模块（知识重用）。

3．分布式人工智能时期（20 世纪 90 年代）

随着计算机网络技术的发展和成熟，以及连接主义思想的出现，研究者认识到智能系统不能是"信息孤岛"，于是出现了分布式人工智能，发展方向主要有两个：分布式问题求解（DPS）和多 Agent 系统（MAS）。

6.1.3　人工智能的定义

关于人工智能的定义还没有统一的说法，这是人工智能领域不成熟的表现。下面摘录几种说法：

（1）美国人工智能学会给 ARPA 的报告（1994）（A Report to ARPA on Twenty-first Century Intelligent System）中的一句话：

"AI is a field that studies intelligent behavior in humans using the tools—theoretical and experimental—of computer science. The field simultaneously addresses one of the most profound scientific problems — the nature of intelligence — and engages in pragmatically useful undertakings : developing intelligent systems."

"人工智能是利用计算机理论和实验工具研究人类智能行为的学科领域。这一领域旨在同时解决：智能产生的源头在哪、如何进行智能系统开发等最深刻的科学问题"。

这个定义强调三点：①阐明最深刻的科学问题，即智能的本质；②担负着实际有用的任务，即开发智能系统；③以计算机科学工具作为手段。

（2）Robert J. Schalkoff 的教科书 *AI: An Engineering Approach* 中从两个方面对人工智能的定义进行了说明：

①从一般定义方面，引用 1956 年第一次人工智能研讨会的定义：

AI is a field of study that seeks to explain and emulate intelligent behaviors in terms of computational processes.

②工程观点的定义为：

AI is about generating representations and procedure that automatically (autonomously) solve problems heretofore solved by humans.

概括起来，即 The goal of AI is the understanding of intelligence as a feasible computation.

（3）Minsky 的观点：

AI is the science of making machines to do things that would require intelligence if done by men.

从上述定义可以发现：人工智能的定义分为两个方面："A"——建造一个计算过程，该过程所做的事情，由人来做时需要智能；"I"——没有定义，因为对智能的本质认识不清楚。

为什么对"I"的定义没有呢？下面分析原因。在日常生活中，我们对很多概念都无法给出严格的定义，如"椅子"，从功能角度定义，椅子是人能够坐的物体。但存在反例：石头能够坐，是否是椅子？如果一个椅子能够坐 2 个以上的人，你怎样把它与沙发区分开来？从结构角度定义，椅子是有腿、有一个靠背和一个平面的物体。可找到反例：由整个柱子组成的椅子，它没有腿。哲学家把这类概念归入自然类。对于比"椅子"更复杂的概念"Intelligence"，我们将更难给出严格的定义。

进行较深入的研究之后，我们发现智能不可能只有单一的形式，而是应该有很多不同的类型：

- 分析智能，如在智商测试中所测度的技能。
- 创造智能，反映人的创新能力，以及产生原概念的能力。
- 通信智能，反映人的通信技能。
- 物理智能，反映人的运动技能。

在所有这些方面，不同的研究学科提出了不同的理论。

智能是一个相对的概念。比如我们说一个孩子很聪明，这是相对于那个年龄孩子的平均智力水平而言的。我们说这条狗很聪明，是说相对于其他的狗，这条狗对环境的反应更灵活。

智能是可通过训练和学习获得的。我们能训练马对人的不同指令做出不同的反应，训练鹦鹉发出不同的声音，识别字母。人能够通过学习和训练获得后天智能。

因此，总的来说，智能有下列三个特征：多样性、相对性、获得性。

不同学科背景的学者对人工智能有不同的理解，提出不同的观点，人们称这些观点为符号主义、连接主义和行为主义等，或者称为心理学派、仿生学派和控制论学派。此外，还有计算机学派、心理学派和语言学派等。我们将在 6.3 节中综述他们的主要观点。

6.2　人类智能与人工智能

6.2.1　研究认知过程的任务

人的认知活动具有不同的层次，可以与计算机的层次相比较，如图 6-1 所示。

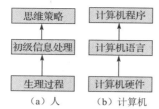

图 6-1　人的认知活动的层次与计算机的层次的比较

认知活动的最高层级是思维策略，中间一层是初级信息处理，最低层级是生理过程，即中枢神经系统、神经元和大脑的活动，与此对应的是计算机程序、计算机语言和计算机硬件。

研究认知过程的主要任务是探求高层次思维策略与初级信息处理的关系，并用计算机程序来模拟人的思维策略，用计算机语言来模拟人的初级信息处理。

6.2.2　智能信息处理系统的假设

智能信息处理系统（物理符号系统）的假设伴随 3 个推论，或称为附带条件。

推论一：既然人具有智能，那么他（她）就一定是一个物理符号系统。

推论二：既然计算机是一个物理符号系统，它就一定能够表现出智能。

推论三：既然人是一个物理符号系统，计算机也是一个物理符号系统，那么我们就能够用计算机来模拟人的活动。

1940 年，维纳开始考虑计算机如何能像人的大脑一样工作。他发现了二者的相似性。维纳认为计算机是一个进行信息处理和信息转换的系统，只要这个系统能得到数据，机器本身就应该能做几乎任何事情。而且计算机本身并不一定要用齿轮、导线、轴、电动机等部件制成。麻省理工学院的一位教授为了证实维纳的这个观点，甚至用石块和卫生纸卷制造过一台简单的能运行的计算机。维纳系统地创建了控制论，根据这一理论，一个机械系统完全能进行运算和记忆。

6.2.3　人类智能的计算机模拟

Pamela McCorduck 在她的著作《机器思维》中曾经指出：复杂的机械装置与智能存在着长期的联系。从几世纪前出现的神话般的复杂巨钟和机械自动机开始，人们已将机器操作的复杂性与自身的智能活动联系起来。

著名的英国科学家图灵（见图 6-2）被称为人工智能之父，图灵不仅创造了一个简单的通用的非数字计算模型，还直接证明了计算机可能以某种被理解为智能的方法工作。1950年，图灵发表了题为《计算机能思考吗？》的论文，给人工智能下了一个定义，而且论证了人工智能的可能性。定义智能时，如果一台机器能够通过称之为图灵实验的实验，它就是智能的。图灵实验的本质就是如果让人在不看外观的情况下不能区别是机器的行为还是人的行为，则这个机器就是智能的。

图 6-2　图灵

图灵测试是指在测试者与被测试者（一个人和一台机器）隔开的情况下，通过一些装置向被测试者随意提问。进行多次测试后，如果机器让每个参与者做出超过一定比例的误判，那么这台机器就通过了测试，并被认为具有人类智能。图灵测试模型如图 6-3 所示。

测试者　　被测试者

屏障

图 6-3　图灵测试模型

物理符号系统假设的推论一告诉我们，人有智能，所以他是一个物理符号系统；推论三指出，可以编写计算机程序去模拟人类的思维活动。这就是说，人和计算机两个物理符号系统所使用的物理符号是相同的，因而计算机可以模拟人类的智能活动。

6.3　人工智能的学派及其争论

6.3.1　人工智能的主要学派

目前人工智能的主要学派有下列 3 个：

（1）符号主义学派，又称为逻辑主义、心理学派或计算机学派，其原理主要为物理符号系统（符号操作系统）假设和有限合理性原理。

（2）连接主义学派，又称为仿生学派或生理学派，其原理主要为神经网络及神经网络间的连接机制与学习算法。

（3）行为主义学派，又称进化主义或控制论学派，其原理为控制论及感知-动作型控制系统。

这 3 个学派对人工智能的发展历史具有不同的看法。

符号主义认为人工智能源于数理逻辑。数理逻辑从 19 世纪末起就得到迅速发展；到 20 世纪 30 年代开始用于描述智能行为；计算机出现后，又在计算机上实现了逻辑演绎系统。符号主义学派，早在 1956 年首先采用"人工智能"这个术语，后来又发展了启发式算法→专家系统→知识工程理论与技术，使得符号主义在 20 世纪 80 年代取得很大发展。符号主义曾长期一枝独秀，为人工智能的发展做出重要贡献，尤其是专家系统的成功开发与应用，对人工智能走向工程应用和实现理论联系实际具有特别重要的意义。在人工智能的其他学派出现之后，符号主义仍然是人工智能的主流学派。这个学派的代表人物有 A.Newell、H.Simon 和 Nilsson 等。

连接主义认为人工智能源于仿生学，特别是人脑模型的研究。它的代表性成果是 1943 年由生理学家麦卡洛克（McCulloch）和数理逻辑学家皮茨（Pitts）创立的脑模型，即 MP 模型。20 世纪 60～70 年代，连接主义，尤其是对以感知机为代表的脑模型的研究曾出现过热潮，由于当时的理论模型、生物原型和技术条件的限制，脑模型研究在 20 世纪 70 年代后期至 20 世纪 80 年代初期走入低潮。直到霍普菲尔德（Hopfield）在 1982 年和 1984 年发表两篇重要论文，提出用硬件模拟神经网络时，连接主义又重新得到研究者的重视。1986 年，鲁梅尔哈特（Rumelhart）等人提出多层网络中的反向传播（BP）算法。此后，连接主义势头大振，从模型到算法，从理论分析到工程实现，为神经网络计算机走向市场打下基础。现在，这个学派对人工神经网络（ANN）的研究热情仍然不减。

行为主义认为人工智能源于控制论。控制论思想早在 20 世纪 40～50 年代就成为时代思潮的重要部分，影响了早期的人工智能研究者。到 20 世纪 60～70 年代，对控制论系统的研究取得了一定进展，播下智能控制和智能机器人的种子，并在 20 世纪 80 年代诞生了智能控制和智能机器人系统。行为主义是近年来才以人工智能新学派的面孔出现的，引起许多人的兴趣。

6.3.2　对人工智能基本理论的争论

不同人工智能学派对人工智能的研究方法有不同的看法，提出了一些问题，如人工智能是否必须采用模拟人的智能的方法？若要模拟，又该如何模拟？对结构模拟和行为模拟，感知思维和行为，认知与学习，以及逻辑思维和形象思维等问题是否应分开来研究？是否有必要建立人工智能的统一理论系统？若有必要，又应以什么方法为基础？

符号主义认为人的认知基元是符号，而且认知过程即符号操作过程。符号主义认为，人的思维是可操作的。符号主义还认为，知识是信息的一种形式，是构成智能的基础。人工智能的核心问题是知识表示、知识推理和知识运用。知识可用符号表示，也可用符号进行推理，因而有可能建立起基于知识的人类智能和机器智能的统一理论体系。

连接主义认为人的思维基元是神经元，而不是符号处理过程。它对物理符号系统假设持反对意见，认为人脑不同于计算机，并提出连接主义的大脑工作模式，用以取代符号操作的计算机工作模式。

行为主义认为智能取决于感知和行动，提出智能行为的"感知—动作"模式。行为主义认为智能不需要知识、不需要表示、不需要推理；人工智能可以像人类智能一样逐步进化（所以称为进化主义）；智能行为只能在现实世界中通过与周围环境的交互作用表现出来。行为主义还认为：符号主义和连接主义对真实世界客观事物及其智能行为进行了过于简化的抽象，因而是不能真实地反映客观存在的。

6.3.3 对人工智能技术路线的争论

如何在技术上实现人工智能系统、研制智能机器和开发智能产品，即沿着什么技术路线和策略来发展人工智能，也存在不同的派别。主要的人工智能技术路线有以下几种。

（1）专用路线：专用路线强调研制与开发专用的智能计算机、人工智能软件、开发工具、人工智能语言和其他专用设备。

（2）通用路线：通用路线认为通用的计算机硬件和软件能够对人工智能开发提供有效的支持，并能够解决广泛的和一般的人工智能问题。通用路线强调人工智能应用系统和人工智能产品的开发，应与计算机立体显示技术和主流技术相结合，并把知识工程视为软件工程的一个分支。

（3）硬件路线：硬件路线认为人工智能的发展主要依靠硬件技术。该路线还认为智能机器的开发主要有赖于各种智能硬件、智能工具及固化技术。

（4）软件路线：软件路线强调人工智能的发展主要依靠软件技术。软件路线还认为智能机器的研制主要是开发各种智能软件、工具及其应用系统。

从上面的讨论我们可以看到，在人工智能的基本理论、研究方法和技术路线等方面，存在几种不同的学派，有着不同的观点；对其中某些观点的争论是十分激烈的。从一枝独秀的符号主义发展到多学派百花争艳，是一件好事，必将促进人工智能的进一步发展。

6.3.4 人工智能的研究目标

对人工智能的研究目标，由麻省理工学院（MIT）出版的书给出了明确的论述：它的中心目标是使计算机具有智能，一方面是使它们更有用；另一方面是理解使智能成为可能的原理。显然，人工智能的研究目标是构造可能实现人类智能的智能计算机或智能系统。它们都是为了使计算机有智能，为了实现这一目标，就必须开展"使智能成为可能的原理"的研究。

研制像图灵所期望的那样的智能机器，使它不仅能模拟还能延伸、扩展人的智能，是人工智能研究的根本目标。要实现这个目标，就必须彻底搞清楚使智能成为可能的原理，同时需要相应硬件及软件的密切配合，这涉及脑科学、认知科学、计算机科学、系统科学、控制论、微电子学等多个学科，依赖于它们的协同发展。但是，这些学科的发展目前还没有达到所要求的水平。就目前使用的计算机来说，其体系结构是集中式的，工作方式是串行的，基本元件具有二态逻辑，而且刚性连接的硬件与软件是分离的。这就与人工智能中分布式的体系结构、串行与并行共存且以并行为主的工作方式、非确定性的多态逻辑等不相适应。正如图灵奖获得者威尔克斯最近在评述人工智能研究的历史与展望时所说的那样：图灵意义下的智能行为超出了电子数字计算机所能处理的范围。由此不难看出，像图灵所期望的那样的智能机器在目前仍难以实现。因此，可把构造智能计算机作为人工智能研究的远期目标。

人工智能研究的近期目标是使现有的电子数字计算机更聪明、更有用，使它不仅能做一般的数值计算及非数值信息的数据处理，还能运用知识处理问题，能模拟人类的部分智能行为。针对这一目标，人们就要根据现有计算机的特点，研究实现智能的有关理论、技术和方法，建立相应的智能系统，例如目前研究开发的专家系统、机器翻译系统、模式识别系统、机器学习系统、机器人等。

6.4　人工智能的研究和应用领域

在大多数学科中存在着几个不同的研究领域，每个领域都有其特有的研究课题、研究技术和术语。在人工智能中，这样的领域包括语言处理、自动定理证明、智能数据检索系统、视觉系统、问题求解、人工智能方法和程序语言及自动程序设计等。在过去几十年中，人们已经建立了一些具有人工智能的计算机系统，如能够求解微分方程的，下棋的，设计分析集成电路的，合成人类自然语言的，检索情报的，诊断疾病的及控制太空飞行器和水下机器人的具有不同程度人工智能的计算机系统。

1. 问题求解

人工智能的第一个大成就是发展了能够求解难题的下棋（如国际象棋）程序。在下棋程序中应用的某些技术，如向前看几步，并把困难的问题分成一些比较容易的子问题，已发展成为搜索和问题归约这样的人工智能基本技术。今天的计算机程序能够下锦标赛水平的各种方盘棋、十五子棋和国际象棋。另一种问题求解程序把各种数学公式符号汇编在一起，其性能已达到很高的水平，并正在为许多科学家和工程师所应用。有些程序，甚至能够用经验来改善其性能。

2. 逻辑推理与定理证明

逻辑推理是人工智能研究中最持久的子领域之一。其中特别重要的是要找到一些方法，只把注意力集中在一个大型数据库中的有关事实上，留意可信的证明，并在出现新信息时适时修正这些证明。对数学中臆测的定理寻找一个证明或反证，确实称得上是一项智能任务。为此，不仅需要有根据假设进行演绎的能力，还需要某些直觉技巧。

1976 年 7 月，美国的阿佩尔（K.Appel）等人合作解决了长达 124 年之久的难题——四色定理的证明。他们使用了 3 台大型计算机，花费了 1200 小时，并对中间结果进行反复的修改。四色定理的成功证明曾轰动计算机界。

3．自然语言处理

自然语言处理（Natural Language Processing，NLP）也是人工智能的早期研究领域之一，是研究如何让计算机理解人类自然语言的。人们已经编写出根据设置好的数据库回答用英语提出的问题的程序，这些程序通过阅读文本材料和建立内部数据库，能够把句子从一种语言翻译为另一种语言，执行用英语给出的指令和获取知识等。有些程序甚至能够在一定程度上翻译从话筒输入的口头指令（而不是从键盘输入计算机的指令）。目前随着 ChatGPT 的诞生和演变，ChatGPT 已经成为自然语言处理技术的新里程碑，也以其强大的功能和灵活的应用性，为人们的生活和工作带来了极大的方便和乐趣。

人工智能在语言翻译与语音理解程序方面已经取得了很多成就，推动了自然语言处理的发展。

4．自动程序设计

也许程序设计并不是人类知识的一个十分重要的方面，但它本身是人工智能的一个重要研究领域。这个领域的工作称为自动程序设计。人们已经能够以各种不同的描述（例如输入／输出对，高级语言描述，自然语言描述算法等）来编写计算机程序。对自动程序设计的研究不仅可以促进半自动软件开发系统的发展，还可使通过修正自身参数进行学习（改善它们的性能）的人工智能系统得到发展。自动编制一个程序来获得某种指定结果的任务同证明一个给定程序将获得某种指定结果的任务是紧密相关的。后者称为程序验证。许多自动程序设计系统将对程序输出的验证作为额外收获。

5．专家系统

一般地，专家系统是一个智能计算机程序系统，其内部具有大量专家水平的某个领域的知识与经验，能够利用人类专家的知识和解决问题的方法来解决该领域的问题。也就是说，专家系统是一个具有大量专门知识与经验的程序系统，它应用人工智能技术，根据某个领域一个或多个人类专家提供的知识和经验进行推理和判断，模拟人类专家的决策过程，以解决那些需要专家决定的复杂问题。

当前的研究涉及有关专家系统设计的各种问题。这些系统是某个领域的专家（他可能无法明确表达他的全部知识）与系统设计者通过反复交换意见建立起来的。在已经建立的专家系统中，有能够诊断疾病的（包括中医诊断智能机），估计潜在石油等矿藏的，研究复杂有机化合物结构的等。发展专家系统的关键是表达和运用专家知识（来自人类专家的并已被证明对解决有关领域内的典型问题是有用的事实和过程）。专家系统和传统的计算机程序的本质区别在于专家系统所要解决的问题一般没有可用的算法，并且经常要在不完全、不精确或不确定的信息基础上给出结论。

专家系统可以解决的问题一般包括解释、预测、诊断、设计、规划、监视、指导和控制等。高性能的专家系统已经从学术研究开始进入实际应用研究。随着人工智能整体水平的提高，专家系统也获得了发展。正在开发的新一代专家系统有分布式专家系统和协同式专家系统等。在新一代专家系统中，不但采用基于规则的方法，而且采用基于模型的原理。

6．机器学习

学习能力无疑是人工智能研究中最突出和最重要的一个方面。近年来，人工智能在这方面的研究取得了一些进展。学习是人类智能的主要标志和获得知识的基本手段。机器学习（自动获取新的事实及新的推理算法）是使计算机具有智能的根本途径。正如 R. Shank 所说：一台计算机若不会学习，就不能称为具有智能的。此外，机器学习还有助于发现人类学习的机理和揭示人脑的奥秘。所以这是一个始终得到重视，理论正在创立，方法日臻完善，但远未达到理想境地的研究领域。

7．人工神经网络

由于冯·诺依曼体系结构的局限性，数字计算机存在一些尚无法解决的问题。人们一直在寻找新的信息处理机制，神经网络就是其中之一。

研究结果已经证明，用神经网络处理直觉和形象思维信息具有比传统处理方式好得多的效果。神经网络是众多学科研究的综合成果。神经生理学家、心理学家与计算机科学家共同研究得出的结论是：人脑是一个功能特别强大、结构异常复杂的信息处理系统，其基础是神经元及神经元之间的联系。因此，对人脑神经元和人工神经网络的研究，可能创造出新一代人工智能机——神经计算机。

对神经网络的研究始于 20 世纪 40 年代初期，之后走过了一条十分曲折的道路。20 世纪 80 年代初以来，对神经网络的研究再次出现高潮。霍普菲尔德提出用硬件实现神经网络，鲁梅尔哈特等提出多层网络中的反向传播（BP）算法，就是两个重要标志。现在，神经网络已在模式识别、图像处理、组合优化、自动控制、信息处理、机器人学和人工智能的其他领域获得日益广泛的应用。

8．机器人学

人工智能研究中日益受到重视的另一个分支是机器人学，其中包括对操作机器人程序的研究。这个领域所研究的问题，从机器人手臂的最佳移动到实现机器人目标的动作序列的规划方法，无所不包。

机器人和机器人学的研究促进了许多人工智能思想的发展。机器人学相关的一些技术可用来模拟世界的状态，用来描述从一种世界状态转变为另一种世界状态的过程。它对于怎样产生动作序列的规划及怎样监督这些规划的执行有了一种较好的理解。复杂的机器人控制问题迫使我们发展一些方法，先在抽象和忽略细节的高层进行规划，再逐步在细节越来越重要的低层进行规划。在本书中，我们经常应用一些机器人问题求解的例子来说明一些重要的思想。智能机器人的研究和应用与多个学科相关，涉及众多的课题，如机器人体系结构、机构、控制、智能、视觉、触觉、力觉、听觉、机器人装配、恶劣环境下工作的机器人及机器人语言等。机器人已在各种工业、农业、商业、旅游业及国防等领域获得越来越普遍的应用。

9. 模式识别

计算机硬件的迅速发展，计算机应用领域的不断开拓，迫切要求计算机能更有效地感知诸如声音、文字、图像、温度等信息，因此模式识别得到迅速发展。

"模式"（Pattern）一词的本意是供模仿的一些标本。模式识别就是指识别出给定物体所模仿的标本。人工智能所研究的模式识别是指用计算机代替人类或帮助人类感知模式，是对人类感知外界功能的模拟，研究的是计算机模式识别系统，也就是使一个计算机系统具有模拟人类通过感官接收外界信息、识别和理解周围环境的能力。

模式识别是一个新学科，它的理论基础和研究范围还在不断发展。随着生物医学对人类大脑的逐步认识，有关模拟人脑构造的计算机研究早在 20 世纪 50 年代末、60 年代初就已经开始。至今，在模式识别领域，神经网络方法已经成功地用于手写字符的识别、汽车牌照的识别、指纹识别、语音识别等方面。目前，模式识别学科正处于大发展的阶段。随着应用范围的不断扩大，以及计算机科学的不断进步，基于人工神经网络的模式识别技术，在未来将有更大的发展。

10. 机器视觉

机器视觉或计算机视觉已从模式识别的一个研究领域发展为一门独立的学科。在视觉方面，已经给计算机系统装上电视输入装置以便其能够"看见"周围的东西。视觉是人工智能的感知领域之一。在人工智能中研究的感知过程通常包含一组操作。例如，可见的景物由传感器编码，并被表示为一个灰度数值矩阵。这些灰度数值由检测器加以处理。检测器搜索主要图像的成分，如线段、简单曲线和角度等。这些成分又被处理，以便根据景物的表面和形状来推断景物的三维特征信息。

机器视觉的前沿研究领域包括实时并行处理、主动式定性视觉、动态和时变视觉、三维景物的建模与识别、实时图像压缩传输和复原、多光谱和彩色图像的处理等。机器视觉已在机器人装配、卫星图像处理、工业过程监控、飞行器跟踪和制导及电视实况转播等领域获得极为广泛的应用。

11. 智能控制

人工智能的发展促进了自动控制向智能控制发展。智能控制是一类无须（或需要尽可能少的）人的干预就能够独立地驱动智能机器实现其目标的自动控制。或者说，智能控制是驱动智能机器自主地实现其目标的过程。

随着人工智能和计算机技术的发展，已能把自动控制和人工智能及系统科学的某些分支结合起来，建立一种适用于复杂系统的控制理论和技术。智能控制正是在这种条件下产生的。它是自动控制的最新发展阶段，也是用计算机模拟人类智能的一个重要研究领域。1965 年傅京孙首先提出把人工智能的启发式推理规则用于学习控制系统。之后，建立实用智能控制系统的技术逐渐成熟。1971 年，傅京孙提出把人工智能与自动控制结合起来的思想。

1977 年，萨里迪斯提出把人工智能、控制论和运筹学结合起来的思想。1986 年，蔡自兴提出把人工智能、控制论、信息论和运筹学结合起来的思想。按照这些理论，已经研究出一些智能控制的理论和技术，用来构造用于不同领域的智能控制系统。

智能控制的核心在于高层控制，即组织级控制。其任务在于对实际环境或过程进行组织，即决策和规划，以实现广义问题求解。已经提出的用以构造智能控制系统的理论和技术有分级递阶控制理论、分级控制器设计的熵方法、智能逐级增高而精度逐级降低原理、专家控制系统、学习控制系统和基于 NN 的控制系统等。智能控制有很多研究领域，它们的研究课题既具有独立性，又相互关联。目前研究得较多的是以下 6 个方面：智能机器人规划与控制、智能过程规划、智能过程控制、专家控制系统、语音控制及智能仪器。

12. 智能检索

随着科学技术的迅速发展，出现了知识爆炸的情况。对国内外种类繁多和数量巨大的科技文献的检索远非人力和传统检索系统所能胜任。研究智能检索系统有利于科技持续快速发展。数据库系统是存储某学科大量事实的计算机软件系统，它可以回答用户提出的有关该学科的各种问题。

数据库系统的设计也是计算机科学的一个活跃的分支。为了有效地表示、存储和检索大量事实，已经发展出许多技术。当我们想用数据库中的事实进行推理并从中检索答案时，这个课题就显得很有意义。

13. 智能调度与指挥

确定最佳调度或组合的问题是我们感兴趣的又一类问题。一个古典的问题就是推销员旅行问题。这个问题要求为推销员寻找一条最短的旅行路线。他从某个城市出发，访问每个城市一次，且只允许访问一次，然后回到出发的城市。大多数这类问题能够从可能的组合或序列中选取一个答案，不过组合或序列的范围很大。试图求解这类问题的程序有组合爆炸的可能性。这时，即使是大型计算机的容量也会被用光。在这些问题中有几个（包括推销员旅行问题）属于计算理论家所说的 NP 完全性问题。他们根据理论上的最佳方法计算出所耗费的时间（或所走步数）的最坏情况来评价不同问题的难度。

智能调度与指挥方法已应用于汽车运输调度、列车的编组与指挥、空中交通管制及军事指挥等领域。

6.5 习题

一、简答题

1. 什么是人工智能？

2. 人工智能有哪几个学派？

3. 人工智能的近期目标和远期目标是什么？

4. 人工智能有哪几个研究领域（说出 8 个）？

二、单项选择题

1. 人工智能中通常把（　　）作为衡量机器是否具有智能的准则。

　　A．"中文屋"思想实验　　　　　　　B．图灵机

　　C．人类智能　　　　　　　　　　　　D．图灵测试

2. 人工智能的目的是让机器能够（　　），以实现某些脑力劳动的机械化。

　　A．像人一样工作　　　　　　　　　　B．模拟、延伸和扩展人的智能

　　C．完全代替人的大脑　　　　　　　　D．具有智能

3. 人工智能历史上的达特茅斯会议召开于（　　）年，它标志着人工智能学科的诞生。

　　A．1965　　　　　B．1946　　　　　C．1949　　　　　D．1956

4. 人工智能的英文全称是（　　）。

　　A．Automatic Information　　　　　　B．Automatic Intelligence

　　C．Artificial Information　　　　　　D．Artificial Intelligence

三、多项选择题

1. 人工智能研究的基本内容包括（　　）。

　　A．知识表示　　　B．机器学习　　　C．机器思维　　　D．机器感知

2. 人工智能研究的三大学派包括（　　）。

　　A．符号主义学派　　　　　　　　　　B．行为主义学派

　　C．连接主义学派　　　　　　　　　　D．理论主义学派

3. 按照认知科学的观点，智能是由中枢神经系统表现出来的一种综合能力，主要包括（　　）。

　　A．记忆和思维能力　　　　　　　　　B．学习和自适应能力

　　C．行为能力　　　　　　　　　　　　D．感知能力

习题讲解第 6 章

社会网络与图论

7.1 社会网络概述

在过去的十多年里，公众对现代社会复杂的关联性越来越着迷。这一魅力的核心是网络。网络是一组事物之间相互连接的模式，人们在大量的讨论和评论中都会用到网络。我们首先给出几个典型的例子，之后再给出精确的定义。

首先，技术进步促进了远程旅行、全球通信和数字交互，我们的社会网络——朋友之间的社交关系的集合，在人类历史的进程中不断发展。

其次，我们消费的信息也具有类似的网络结构，随着少数高质量信息供应商的出现，这些结构变得越来越复杂，挤满了各种视角、可靠性和动机各异的信息源。

我们的技术和经济体系也开始依赖于极其复杂的网络。这使得对复杂网络的行为越来越难以推理，对复杂网络调整的风险也越来越大。这使复杂网络容易受到底层网络的影响，有时局部的问题就会导致连锁反应或者金融危机。

网络体现的基本意象（Imagery）也进入了更多的讨论领域，全球制造业拥有供应商网络，网站拥有用户网络，媒体公司拥有广告商网络等。在这些情况中，重点往往不是网络本身的结构，而是网络的复杂性，因为它是一个庞大、分散的群体，以意想不到的方式对决策者的行动做出反应。

由于这种灵活性，很容易在许多领域找到这些网络。例如，图 7-1 描绘了人类学家韦恩·扎卡里（Wayne Zachary）在 20 世纪 70 年代研究的大学空手道俱乐部中 34 人之间的社会网络。人们用小圆圈代表，线条将俱乐部之外的朋友配对连接起来。这是绘制网络的典型方式，线将有联系的对象连接起来。

社会网络可以反映一个团体内部冲突的现象。例如，图 7-1 中的空手道俱乐部社会网络中存在潜在冲突。标记为 1 和 34 的人（较暗的圆圈）在友谊网络中尤其重要，与其他人有许多联系。而他们彼此不是朋友，事实上大多数人只是他们中的一个或另一个的朋友。这两个核心人物分别是俱乐部的教练和创始人，最终这将使俱乐部分裂为两个对立的空手道俱乐部。

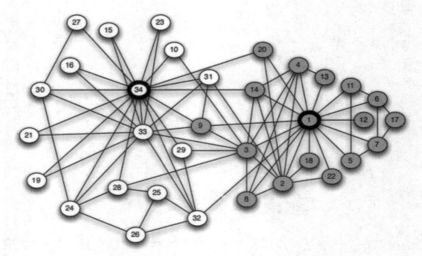

图 7-1　大学空手道俱乐部中 34 人之间的社会网络

图论的基本概念

7.2.1　图的定义

图（Graph）的定义：一个图 G 由两个集合 V 和 E 组成，V 是有限的非空顶点集，E 是 V 上的顶点对所构成的边集，分别用 $V(G)$ 和 $E(G)$ 来表示图中的顶点集和边集。用二元组 $G=(V, E)$ 来表示图 G。其中：

$V = \{ x \mid x \in$ 某个数据对象$\}$ 是顶点的有穷非空集合。

$E = \{(x, y) \mid x, y \in V\}$ 是顶点之间关系的有穷集合，也称为边集合。

7.2.2　图的相关术语

1．无向图

在图 G 中，如果每条边都没有方向，则称图 G 为**无向图**。在无向图中，边是无序的，并用圆括号表示边的顶点对，故无向图中的边（v_i, v_j）和（v_j, v_i）表示同一条边。

对图 7-2（a）所示的无向图，有：

$V(G_1) = \{v_1, v_2, v_3, v_4, v_5\}$

$E(G_1) = \{ (v_1, v_2), (v_1, v_4), (v_2, v_3), (v_2, v_5), (v_3, v_5), (v_3, v_4)\}$

注意：如果（v_i, v_j）或$<v_i, v_j>$是 $E(G)$ 中的一条边，则要求 $v_i \neq v_j$。

2．有向图

在图 G 中，如果每条边都用箭头指明了方向，则称图 G 为**有向图**。在有向图中，边是有序的，并用尖括号表示边的有向对。

如图 7-2（b）所示，G_2 中 $<v_1,v_2>$ 表示从 v_1 开始到 v_2 的一条边。若 $<v_i,v_j>$ 是有向图中的一条边，则称 v_i 是尾或初始顶点，v_j 是头或终端顶点，且用从尾到头的箭头表示，故有向边 $<v_i,v_j>$ 和 $<v_j,v_i>$ 是不同的边。有向边也称为弧。

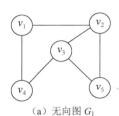 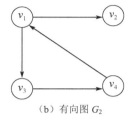

（a）无向图 G_1　　　　　　　　　　　　　（b）有向图 G_2

图 7-2　无向图和有向图示例

对图 7-2（b）所示的有向图，有：

$$V(G_2) = \{v_1,v_2,v_3,v_4\}$$

$$E(G_2) = \{<v_1,v_2>,<v_1,v_3>,<v_3,v_4>,<v_4,v_1> \}$$

3．无向完全图

具有 n 个顶点的无向图，如果任意两个顶点间都有一条直接边相连，则称其为无向完全图。

可以证明，含有 n 个顶点的无向完全图有 $n(n-1)/2$ 条边。

4．有向完全图

具有 n 个顶点的有向图，如果任意两个顶点间都有方向相反的两条边相连，则称该图为有向完全图。在具有 n 个顶点的有向完全图中，边的最大数目是 $n(n-1)$。（因为每个顶点均和其他 $n-1$ 个顶点有边相连）。

5．子图

设有两个图 $G = (V, E)$ 和 $G_1 = (V_1, E_1)$，且满足条件：V_1 是 V 的子集，E_1 是 E 的子集，则称 G_1 为 G 的子图，如图 7-3 所示。

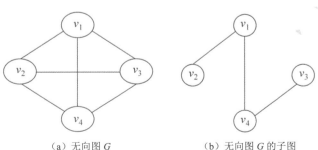

（a）无向图 G　　　　　　　（b）无向图 G 的子图

图 7-3　无向图及其子图

6．路径、路径长度、简单路径、简单回路和距离

在图 G 中从顶点 v_p 到顶点 v_q 的一条路径是顶点序列 $(v_p, v_{i1}, v_{i2}, \cdots, v_{in}, v_q)$，且 (v_p, v_{i1})，$\cdots$，(v_{in}, v_q) 属于 $E(G)$。

若 G 是有向图，则路径也是有向的，由 $E(G)$ 中的边 $<v_p, v_{i1}>$，$<v_{i1}, v_{i2}>$，$\cdots$，$<v_{in}, v_q>$ 组成。

路径长度是指在这条路径上边的数目。路径 $(v_1, v_2), (v_2, v_3), (v_3, v_5)$ 记成 (v_1, v_2, v_3, v_5)，其路径的长度为 3。

在一条路径中，除了第一个顶点和最后一个顶点，其余顶点都不同的路径称为简单路径。第一个顶点和最后一个顶点相同的简单路径为简单回路。两个顶点之间最短路径的长度称为距离。

7．连通图、连通分量和强连通图

在无向图 G 中，若从一个顶点 v_i 到另一个顶点 v_j （$i \neq j$）有路径，则称顶点 v_i 和 v_j 是连通的。若 $V(G)$ 中的每一对不同顶点 v_i 和 v_j 都连通，则称 G 是连通图。在无向图 G 中，极大的连通子图，称为它的连通分量。

在有向图中，若对 $V(G)$ 中的每一对不同顶点 v_i 和 v_j，都存在从 v_i 到 v_j 及从 v_j 到 v_i 的路径，则称 G 是强连通图。易知，n 个顶点的强连通图至少有 n 条边（对应某种有向回路）。有向图的极大连通子图称为强连通分量。显然，强连通图只有一个强连通分量，即其自身。非强连通的有向图可有多个强连通分量。

在有向图中，若任意两个不同顶点间至少有单向通路，但有些顶点无双向通路，则称该图为弱连通图。类似地，也有弱连通分量的概念。

8．度、入度和出度

在无向图中，顶点所具有的边的数目称为该顶点的度。

在有向图中，以某顶点为终点的边的数目，称为该顶点的入度。以某顶点为尾（始点）的边的数目，称为该顶点的出度。一个顶点的出度与入度之和等于该顶点的度。

一条边连接的两个顶点称为邻接的顶点。

图 G 无论是有向图还是无向图，若 G 中有 n 个顶点、e 条边，且每个顶点 v_i 的度为 d_i，则有

$$e = \frac{1}{2} \sum_{i=1}^{n} d_i$$

9．权图（网）

对于图 $G = (V, E)$，若图中的每条边都有一个相关的数，则这种与图的边相关的数称为该边的权，这种带权的图就称为权图（网）。

7.3 图的存储

图的结构复杂，应用广泛，故表示法（存储方法）也多，图的存储结构的选择取决于具体的应用和所定义的运算。常用的图的表示法有邻接矩阵、邻接表、邻接多重表、十字链表等。我们这里只介绍邻接矩阵表示法。

设图 $G=(V, E)$ 具有 n 个顶点 v_0，v_1，v_2，$\cdots$，v_{n-1}，图的边用一个二维数组（$n\times n$ 阶矩阵，表示顶点之间的相邻关系）来表示，则 G 的邻接矩阵被定义为具有如下性质的 n 阶方阵 A：

（1）若图为无权图，则

$$a_{ij}=\begin{cases}0, & 顶点v_i，v_j之间无边；\\ 1, & 顶点v_i，v_j之间有边，<v_i，v_j>或（v_i，v_j）是G的边\end{cases}$$

这时，称矩阵 $A=(a_{ij})$ 为图的邻接矩阵。矩阵 A 中的行、列号对应于图中顶点的序号，如图 7-4 所示。

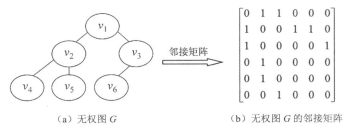

（a）无权图 G （b）无权图 G 的邻接矩阵

图 7-4 无权图与其邻接矩阵

（2）若图为权图（网），则 a_{ij} 为对应边 $<v_i，v_j>$ 或（$v_i，v_j$）的权值，若 $<v_i，v_j>$ 或（v_i，v_j）不是 E（G）中的边，则 a_{ij} 等于 0 或 ∞，∞ 表示一个计算机允许的大于所有边上权值的数。对不存在的边，a_{ij} 取 0 还是 ∞，可以根据实际运算的需要而定，如图 7-5 所示。

（a）权图   （b）权图的邻接矩阵

图 7-5 权图与其邻接矩阵

对于图 7-5 所示的权图，其邻接矩阵还可写成以下形式：

$$\begin{bmatrix}0 & 6 & 8 & 0\\ 6 & 0 & 0 & 0\\ 8 & 0 & 0 & 4\\ 0 & 0 & 4 & 0\end{bmatrix} \quad 或 \quad \begin{bmatrix}0 & 6 & 8 & \infty\\ 6 & 0 & \infty & \infty\\ 8 & \infty & 0 & 4\\ \infty & \infty & 4 & 0\end{bmatrix}$$

不难看出：无向图的邻接矩阵是对称的，而有向图的邻接矩阵不一定对称。因此，用邻接矩阵表示一个具有 n 个顶点的有向图时，要用 n^2 个单元存储邻接矩阵；对有 n 个顶点的无向图，则只需存入下三角矩阵，故只需使用 $n(n+1)/2$ 个存储单元。用邻接矩阵的方法表示图 G，首先对给定的图 G 的顶点任意编号（1～n），用一个 $A_{n\times n}$ 矩阵来表示顶点之间的邻接关系，有时还需要存储各顶点的有关信息，这时需用另外的向量来存储这些信息。

用邻接矩阵来表示图，易判定图中任意两个顶点之间是否有边相连，也易求得各顶点的度。

7.4　图的遍历

在此，我们希望从图中某一顶点出发访遍图中其余顶点，且使每一个顶点仅被访问一次，这一过程就称为图的遍历。根据搜索路径方向的不同，通常有两种遍历图的方法：深度优先搜索法和广度优先搜索法。下面介绍的算法均以无向图为例，但算法对无向图和有向图都适用。

7.4.1　深度优先搜索法

深度优先搜索（Depth First Search，DFS）法：假设初始状态是图中所有顶点都未曾访问，则可以从图中某个顶点 v_i 出发，访问此顶点，然后依次从 v_i 的未被访问的邻接点出发，遍历图，直至图中所有和 v_i 有路径相通的顶点都被访问到；若此时图中尚有顶点未被访问，则另选图中一个未被访问的顶点作起始点，重复上述过程，直到图中所有顶点都被访问到为止。

以图 7-6 所示的无向图为例，假设先从顶点 v_1 出发进行搜索，访问 v_1 之后，选择邻接点 v_2，因为 v_2 未曾访问，从 v_2 出发进行搜索，以此类推，接着从 v_4，v_8，v_5 出发进行搜索。在访问了 v_5 之后，由于 v_5 的邻接点都已被访问，则搜索回到 v_8，由于同样的理由，搜索继续回到 v_4，v_2 直到 v_1，此时 v_1 的另一个邻接点未被访问，则搜索又从 v_1 到 v_3，继续下去。由此得到的顶点访问序列为

$$v_1 \rightarrow v_2 \rightarrow v_4 \rightarrow v_8 \rightarrow v_5 \rightarrow v_3 \rightarrow v_6 \rightarrow v_7$$

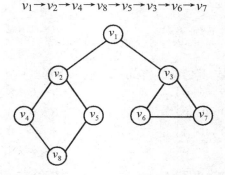

图 7-6　无向图

7.4.2　广度优先搜索法

设无向图 $G=(V, E)$ 是连通的，则从 $V(G)$ 中的任一顶点 v_i 出发按广度优先搜索（Breadth/Width First Search，BFS）法遍历图 G 的步骤是：

（1）访问 v_i 后，依次访问与 v_i 相邻接的所有顶点 w_1，w_2，$\cdots$，w_t。

（2）再按 w_1，w_2，$\cdots$，w_t 的顺序，访问其中每一个顶点的所有未被访问的邻接顶点。

（3）按刚才的访问次序，依次访问它们的所有未被访问的邻接顶点，以此类推，直到图中所有顶点都被访问过为止。

例如，对图 7-6 所示的无向图，广度优先搜索法从 v_1 开始的遍历结果为

$$v_1 \rightarrow v_2 \rightarrow v_3 \rightarrow v_4 \rightarrow v_5 \rightarrow v_6 \rightarrow v_7 \rightarrow v_8$$

由此可见，若 v_1 在 v_2 之前被访问，则与 v_1 相邻接的顶点也将在与 v_2 相邻接的顶点之前被访问。即先访问的顶点的邻接点也先被访问，故有先进先出的特点。

下面介绍图上的广度优先搜索法的应用：二部图。

设 $G=(V,E)$ 是一个无向图，如果顶点集合 V 可分割为两个互不相交的子集 A,B，并且图中的每条边 (i, j) 所关联的两个顶点 i 和 j 分别属于这两个不同的顶点集 $(i \in A, j \in B)$，则称图 G 为一个二部图。一个图是二部图的充分必要条件是它没有长度为奇数的圈，从任何顶点开始，在广度优先搜索（遍历）过程中，一旦发现同一层的顶点之间有边，则图中一定存在长度为奇数的圈。

如图 7-7 所示，从顶点 F 开始进行广度优先搜索，第一层是 F，第二层是 G、H，第三层是 I、J、L、M，第四层是 K。而第三层中 L 和 M 之间有边，图中一定存在长度为奇数的圈，所以这个图不是二部图。

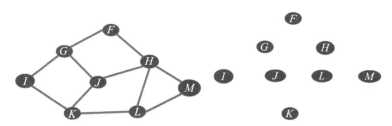

图 7-7　广度优先搜索法判断是否为二部图

7.4.3　非连通图的遍历

对一个无向图，若它是非连通的，则从图中任意一个顶点出发进行深度优先搜索或广度优先搜索都不能访问到图中所有顶点，而只能访问到初始出发点所在的连通分量中的所有顶点。但如果从每个连通分量中都选一个顶点作为出发点进行搜索，则可访问到整个非连通图中的所有顶点。因此，非连通图的遍历必须多次调用深度优先搜索算法或广度优先搜索算法。

7.5 习题

1. 对于节点 Y 和 Z 来说，若 X 存在于 Y 和 Z 之间的所有最短路径上，则称 X 为 Y 和 Z 之间的关键节点（X 与 Y 和 Z 均不重合）。例如，在图 7-8 中，节点 B 是节点对 A 和 C、A 和 D 的关键节点（注意：B 并不是节点对 D 和 E 的关键节点，因为 D 和 E 间存在两条不同的最短路径，而其中的一条（包含 C 和 F）并不通过 B。由此可见，B 并不存在于 D 和 E 间的所有最短路径上）。另一个例子是：节点 D 并非图中任意节点对的关键节点。

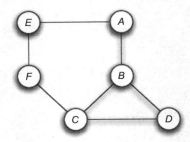

图 7-8　习题 1 示意图

（1）请列举一个图例，使其满足以下条件：该图中每个节点均为至少一个节点对的关键节点。请就你的答案给出合理的解释。

（2）请列举一个图例，使其满足以下条件：该图中每个节点均为至少两个节点对的关键节点。请就你的答案给出合理的解释。

（3）请列举一个图例，满足以下条件：该图中包含至少 4 个节点，并存在一个节点 X，它是图中所有不包含 X 的节点对的关键节点。请就你的答案给出合理的解释。

2. 我们引入两个定义，以规范化"一些节点可在网络中起到'看门人'的作用"这一表述。第一个定义如下：对于节点 X，若存在另两个节点 Y 和 Z，使 Y 和 Z 间的所有路径均通过 X，则称 X 为门卫。举例来说，在图 7-9 中，节点 A 即为一个门卫，因为节点 A 存在于节点 B 到 E 的所有路径上（除此之外，A 还存在于其他节点组间的所有路径上，比如 D 和 E 等）。

该定义具有一个全局特点，它需要我们纵观整个图，以确定某一特定节点是否为门卫。相比之下，另一"本地化"版本将上述定义的条件限定于只需观察一个节点的相邻节点。我们将之规范化，即有以下定义：一个节点 X 为局部门卫，若它有两个相邻节点（称为 Y 和 Z），其间没有边相连。（换句话说，X 为局部门卫的前提是，至少存在 X 的两个相邻节点 Y 和 Z，满足 Y 和 Z 分别有边与 X 相连，但彼此并不相连的条件。）如图 7-9 所示，节点 A 同时满足门卫和局部门卫的条件，而节点 D 仅为局部门卫，却不满足门卫的条件。（注意：尽管 D 的两个相邻节点 B 和 C 之间并没有边相连，但对于包括 B 和 C 在内的所有节点组之间，均存在一条不包含 D 的路径。）

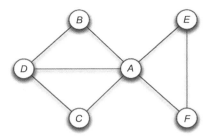

图 7-9　习题 2 示意图

综上所述，我们得到两个定义：门卫和局部门卫。每当我们讨论新的数学定义时，一个有效帮助我们理解定义的方法是先从典型例子入手，随后将之理论化，再尝试将该理论应用于其他例子。让我们按以上方法来讨论下面几个问题：

（1）给出一个图例（包含解释），满足条件：该图中超过一半的节点为门卫。

（2）给出一个图例（包含解释），满足条件：该图中所有节点均不是门卫，但均为局部门卫。

3．当我们试图就一个已知图中节点间的距离寻找一个单一的综合衡量标准时，有两个原始数量值得我们考虑。一个是直径，我们定义它为图中任意两个节点之间的最大距离；另一个是平均距离，我们定义它为图中所有节点对间的平均距离。在许多图中，上述两个数量在数值上非常接近。但以下的两个例子却可能是例外：

（1）请给出一个直径比平均距离大三倍的图例。

（2）请根据你解答问题（1）的方法，说明你可以通过改变某一特定因数的大小，来控制直径比平均距离大的倍数。（换句话说，对于任意数字 c，你能否构造一个图，使其直径比平均距离大 c 倍？）

习题讲解第 7 章

第 8 章

强关系、弱关系与同质性现象

8.1 三元闭包

网络在现今社会扮演的重要角色之一，是将系统的局部与全局行为联系起来。我们首先从一些背景知识和一个启发性问题入手。20 世纪 60 年代末期，在格兰诺维特准备博士论文期间，他采访了一批最近更换工作的人，以了解他们是如何找工作的。在采访中发现，多数人都是通过私人关系介绍或提供信息找到现在的工作的。其中，更加值得注意的是，被采访的人们所描述的私人关系对象，往往只是熟人，而非亲密的朋友。这个发现让人有些惊讶：一般来说，在找工作期间，你亲密的朋友应该是最愿意向你提供帮助的人，但为什么帮助你找到新工作的人往往是那些跟你关系一般的"熟人"呢？

格兰诺维特提出的这个问题的答案，将人们社会关系的两个不同角度联系起来：一个注重结构，关注点在于友谊关系在整个社会网络中穿越的方式；另一个注重关系本身，其关注点从两人之间的情谊出发，单纯考虑其关系的局部影响。从这个角度来看，该问题的答案已经超越了找工作本身，它给人们提供了一个思考社会网络结构的更为普遍的方法。为了更好地掌握这一方法，我们首先学习社会网络的基本原则及其演化历史，再回来讨论格兰诺维特问题。

第 7 章主要针对社会网络的静态结构进行了讨论，分析了在某一特定时间点上节点和边的相互关系；然后在同一前提下，又学习了路径、连通分量、距离等相关概念。这种分析方式构成了思考社会网络问题的基础。事实上，许多数据集本身是静态的，它为我们提供的仅是社会网络某一时刻的快照。而在针对社会网络的研究中，思考网络如何随时间的推移而演变同样具有积极意义。其中特别重要的是导致节点的到达和离开，以及边的形成和消失的机制。

关于该问题的确切答案需要具体问题具体分析，以下为最基本的原则：在一个社交圈内，两个人有一个共同的朋友，则这两个人在未来成为朋友的可能性就会提高。

我们将上述原则称为三元闭包。如果节点 B 和节点 C 有一个共同的朋友 A，则 B 和 C 之间一条边的形成就产生了图中三个节点 A，B，C 彼此相连的情形，如图 8-1 所示。在网络中，该结构称为三角形结构。由于 BC 边在三元闭包中为起到闭合作用的第三条边，因此三元闭包也称为三元闭合。当观察同一社会网络在不同时间点的两个网络快照时，通常会发现在后来的快照中，有相当数量通过三元闭包产生的新边出现，即两个在前一张快照中有共同朋友但相互不是朋友的人，在后来的快照中成为朋友。图 8-2（b）所示是我们可能看到的图 8-2（a）所示的社会网络经过一段时间后产生新边的情况。

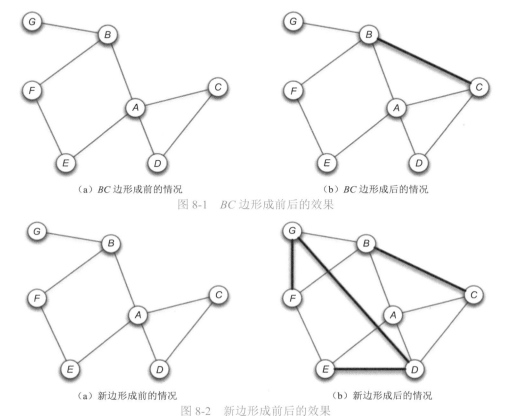

（a）*BC* 边形成前的情况　　　　　　　　　　　（b）*BC* 边形成后的情况

图 8-1　*BC* 边形成前后的效果

（a）新边形成前的情况　　　　　　　　　　　（b）新边形成后的情况

图 8-2　新边形成前后的效果

1．聚集系数

三元闭包现象对人们形成社会网络的一些测度具有启发性，尤其是那些体现趋势的简单测度，其中之一称为聚集系数。一个节点 *A* 的聚集系数定义为 *A* 的任意两个朋友彼此也是朋友的概率。换句话说，*A* 的聚集系数即为与 *A* 相邻的节点之间边的实际数和与 *A* 相邻的节点对的个数之比。例如，图 8-2（a）中节点 *A* 的聚集系数是 1/6（因为与 *A* 相邻的节点对有 6 个：*BC*、*BD*、*BE*、*CD*、*CE* 和 *DE*，与 *A* 相邻的节点之间仅有一条边 *CD*），而在图 8-2（b）所示的网络快照中，该系数增加至 1/2（因为在同样的 6 个节点对中，已有 3 条边 *BC*、*CD* 和 *DE*）。通常，一个节点的聚集系数在 0（该节点的朋友中没有人互相认识）和 1（该节点的所有朋友彼此都是朋友）之间。

2．三元闭包的由来

三元闭包是一种非常直观的对自然关系的描述，几乎所有人都能从自己的生活经历中找到相关的例子，不仅如此，经验还揭示了该关系运作的基本原因。若 B 和 C 有一个共同的朋友 A，则他们成为朋友的可能性就会增加，原因之一在于，他们和 A 的关系，直接导致他们彼此见面的概率增加，如果 A 花时间同时与 B 和 C 在一起，B 和 C 很可能因此认识彼此，并成为朋友；另一个原因是，在友谊形成的过程中，B 和 C 都与 A 是朋友的事实（假定他们都知道这一点）为他们提供了陌生人之间所缺乏的基本的信任。此外，基于 A 有将 B 和 C 撮合为朋友的动机：如果 A 同时与 B 和 C 都是朋友，则 B 与 C 不是朋友可能成为 A 与 B 和 C 友谊的潜在压力。

3．三元闭包原理的大数据验证

要进行大数据验证，需要先解决两个问题：

第一，将三元闭包原理最初的定性陈述转变成一种可以定量考察的表达；

第二，找到合适的社会网络数据。

三元闭包原理最初的表述：如果两个互不相识的人有了一个共同的朋友，则他们在未来成为朋友的可能性增加。现在我们将其转变成：如果两个互不相识的人的共同朋友越多，则他们在未来成为朋友的可能性越大。

用什么大数据验证呢？可以用电子邮件网络模拟我们的社会网络。一所大学的几万名学生在一年里的通信关系数据，只关心谁和谁何时有过通信，不关心内容。假设网络中有 100 对节点，某一时刻之前没边，但分别都恰好有 5 个共同的朋友。如果一个月里，其中有 20 对节点两两之间发生通信，80 对依然没有，就说：两个不相识但有 5 个共同朋友的人，在一个月里将成为朋友的概率为 0.2。

8.2 强关系、弱关系

那么，8.1 节所述的这些理论，又如何与格兰诺维特的找工作问题相关联，显示出较弱的关系相比较强的关系，更有助于给人带来新的工作机会呢？事实上，三元闭包正是解释该现象的重要思想之一。

8.2.1 桥和捷径

首先需要明确几个前提：好的工作机会信息相对稀缺，某些人从别人那里听到一个有前途的工作机会，表明他们有获取有用信息的来源，现在让我们考虑图 8-3 所示的一个简单社会网络，A 有 4 个朋友，而其中的一段朋友关系与其他的有本质上的不同：A 和 C、D 和 E 的关系为一个闭合形。其中每个人都与组中的其他人相连接；而 A 与 B 的关系似乎拓展到另一个不同的社会网络。我们可以就此推测 A 与 B 关系的结构特点将给 A 的日常生活带来不同以往的转机：在 A 的闭合朋友圈中 C、D 和 E 有较大可能提供类似角度的意见和相近的工作机会信息，而 A 和 B 的关系则可能使 A 有机会接触完全不同的观点和信息。

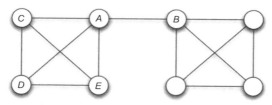

图 8-3　简单社会网络

如图 8-3 所示，AB 边是一个桥，删除了它，A 和 B 就落到图的两个不同的连通分量中，为了更明确地表示例子中 AB 边的特殊性，我们介绍以下定义。一个图中已知 A 和 B 相连，若去掉连接 A 和 B 的边会导致 A 和 B 分属不同的连通分量，则该边称为桥。换句话说，该边为两个点 A 和 B 间的唯一路径。

你可能有一个成长背景与自己完全不同的朋友，似乎这是连接你和他的唯一桥梁，但事实是，在这个纷杂的世界中，除了你们的友谊，总还有一些其他的难于发现的潜在关联。换句话说，如果将图 8-3 延伸至一个更大的社会网络，则图 8-4 是比较可能出现的情况。

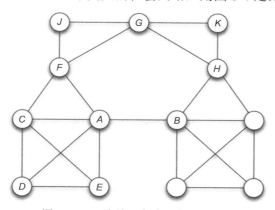

图 8-4　AB 边是一个跨距为 4 的捷径

图 8-4 中，AB 边并不是连接其端点的唯一路径。尽管 A 和 B 也许并没有意识到这一点，它们同时还通过一个较长的路径经 F、G 和 H 相连。类似这样的结构在真实的社会网络中较之桥更为普遍，我们给出如下定义：若边 AB 的端点 A 和 B 没有共同的朋友，则称边 AB 为捷径。换句话说，去掉该边将把 A 和 B 的距离增加至 2 以上（不含 2），则称该边为捷径。我们定义捷径的跨度为没有该边情况下的实际距离。捷径，特别是跨度较大的捷径，其作用和桥无明显差异，只是不那么极端：其两个端点直接触及社会网络的两个不同部分并可通过该方式获取原本离自己很遥远的信息。这是我们找到的第一个用来解释格兰诺维特提出的找工作问题的社会网络结构。我们可以预计，如果节点 A 需要获取全新的信息（例如找一份新工作），则对他提供帮助的很可能是（尽管不总是）一位通过捷径连接到的朋友。因为在你所属的紧密关联的群体内，虽然每个人都热心地想要帮忙，但他们掌握的信息多数你早已经知道。

8.2.2 强三元闭包性质

当然，接受格兰诺维特访问的人并不会说："我是通过和我以捷径相连的朋友找到现在的工作的。"如果我们认为捷径在人们找工作的例子上被过分强调，那又怎样解释所观察到的事实，即实际上更多是关系较远的熟人提供新信息呢？

为了便于讨论，需要区别社会网络中不同关系的强度。在为强度下确切定义之前，先明确其所要表达的意思，即关系的强度越大表示友谊越亲密且互动越频繁。一般来说，关系的强度可以是一定范围内的任意值。为了简化概念，并与我们的朋友/熟人二分原则相匹配，将社会网络中的所有关系归为两大类：强关系（较强的关系，对应朋友关系）和弱关系（较弱的关系，对应熟人关系）。

一旦决定了按强关系和弱关系将关系分类，就可以标注社会网络中的每一条边（强或弱）。例如，图 8-4 所示社会网络中各节点报告相邻节点中哪些算朋友，哪些算熟人，据此将该图标注好，如图 8-5 所示。

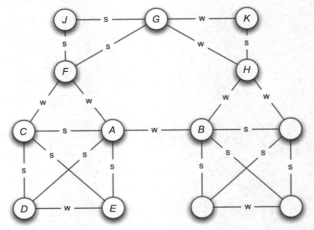

图 8-5　为图 8-4 所示社会网络的每条边打上表示关系强度的标签（s 表示强关系，w 表示弱关系）

现在将强关系和弱关系的概念应用回三元闭包关系。首先，回顾在讨论三元闭包关系时所包含的几个重要因素：机会、信任、动机。当所涉及的边有强关系时，这三个因素均会发挥更大的作用。由此有以下定性的假设。

假设在社会网络中有 AB 边和 AC 边。如果这两条边都有强关系，则很有可能形成 BC 边。

为了将以上讨论具体化，格兰诺维特给出了以下更为正式（也较为极端）的定义。

定义：若节点 A 与节点 B、C 均有强关系，但 B 和 C 之间无任何关系（强或弱），则称节点 A 不具有强三元闭包性质。否则，称节点 A 具有强三元闭包性质。

根据如上定义，可以发现图 8-5 中所有节点均具有强三元闭包性质。而如果将 AF 边的性质改为强关系，则节点 A 和 F 均不具有强三元闭包性质：节点 A 与节点 E、F 均为强关系，而节点 E 和 F 之间并无 EF 边相连；节点 F 同时与节点 A、G 强相连，而节点 A 和 G 并无直接关系。需要注意的是，根据定义，该图中节点 H 也具有强三元闭包性质。事实上，

H 不可能不具有该性质，因为它与相邻节点的关系中仅有一个为强关系。

显而易见，强三元闭包性质的极端性使我们不会指望大型社会网络的所有节点都具有强三元闭包性质，但它使我们能够进一步推理强关系和弱关系的结构性含义。在讨论社会网络问题时，一个相对严格的假设可将研究环境简单化，从而有利于问题的分析。现在将顺着已有思路继续讨论，然后回到最初的假设命题，来观察这些概念如何作用于该命题。

8.2.3　捷径和弱关系

现在已将网络中的连接关系明确划分为两大类：强关系和弱关系，这是一种纯粹局部的概念。同时，将社会网络中的边区分为捷径和非捷径，这是一种全局的结构性概念。表面上看，这两个概念间并无直接联系，但实际上，通过三元闭包概念，可以在这两者间建立起一种联系：社会网络中，若节点 A 具有强三元闭包性质，并有且至少有两个强关系边与之相连，则与其相连的任何捷径均有弱关系。

换句话说，在假设具有强三元闭包性质及充分数目的强关系边存在的前提下，社会网络中的捷径必然有弱关系。

该断言在网络中的局部属性（关系的强度）和全局属性（捷径与否）之间建立了一个联系，同时为我们提供了一种将纯人际关系和网络结构相关联的新型思考方式。然而，由于该论证基于一个很强的假设（主要指强三元闭包性质），在此有必要对这种简化假设对于研究该类问题所起到的重要作用略做说明。

首先，简化假设有助于从实际例子中获取定性结论，即使假设条件不够严谨。用生活化的语言总结为：首先，节点 A 和 B 间的捷径必须是弱连接，否则，根据三元闭包原理，就很可能会形成另外的短路径将 A 和 B 连接起来，从而使 AB 边不再是捷径。其次，当假设条件比较明确时，就像前面的例子一样，就比较容易用真实数据来测试。在过去的几年中，科研人员就关系强度和网络结构在人数众多的社会网络中的定量关系进行了研究。研究表明，先前所描述的结论在实际中也是近似成立的。最后，该分析为一些一开始看上去令人不知所措的问题提供了一个具体的思考框架，就好比一个新的工作机会往往藏在某个不常联系的熟人关系中。该论点想要说明的是，这些为我们带来新的信息资源和机会的社交关系，其在社会网络中的"度"概念（捷径属性）事实上和它们作为"弱社交关系"有着直接的联系。这种关系虽然弱，但能够将我们引入社会网络中难以达到的部分，这正是弱关系所带来的惊人力量。

8.3　同质现象

影响社会网络结构基本的概念之一是同质性，即我们和自己的朋友间往往会有相同的特点。总体上看，你的朋友在种族和观念方面与你有着很多相似之处：处于相当的年纪，还具有很多相似特征，包括居住的地方、职业、经济情况、兴趣、信仰及价值观。当然，我们都有些特别的朋友，不在以上这些相似性之列，但总体上来说，普遍的事实是，在社会网络中互相连接的人倾向于相似。

对于同质性的研究有很多，其基本思想可以在柏拉图的"相似性带来友谊"、亚里士多德的"人们喜欢与自己相似的人"等作品，以及谚语"物以类聚，人以群分"中找到依据。同质性提供了第一个关于网络周围因素如何驱动网络连接形成的基本诠释。考虑以下两种情况的对比：一个是因共同朋友介绍认识的情况，另一个是在同一所学校就读或就职于同一家公司的两个人的情况。在第一种情况中，一个新的关系连接在已有的社会网络内部建立，不需要在网络外部去寻找连接形成的原因；在第二种情况中，新的连接的出现同样是自然的，但只在考察网络以外的因素时才有意义，即新的连接是点所处的特定社会环境造成的。

观察研究社会网络的时候，同质的背景体现了网络整体结构中的某些突出特征。例如，图 8-6 描绘了在一个镇的中学学生之间的社会网络（包括 1～6 年级），图中不同颜色的节点代表了不同种族的学生。网络内部两种主要的划分是显而易见的：一种划分基于学生的种族（图中从左到右），另外一种划分基于年级，分出初中和高中的学生（图中从上到下）。这一社会网络中尽管还有很多其他结构性细节，但是从整体来看，这两种背景情况的影响是比较突出的。

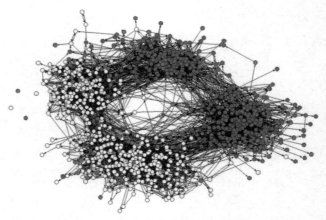

图 8-6　某中学学生的社会网络图

当然，内在因素和外部环境对网络中边的形成的影响往往是混合交叉的，并发作用在同一个网络上。例如，三元闭包原理（网络中的三角形，随着朋友之间连接的形成倾向于"关闭"）就是得到若干内部与外部机制支持的。在我们提出三元闭包的时候，主要基于内部机制的假设：当个体 B 和 C 有一共同朋友 A，那么根据他们的交往就会有更多机会和理由信任彼此，且 A 也会愿意去促成他们的友谊。不仅如此，社会背景也为三元闭包提供了自然基础。由于 A、B 友谊和 A、C 友谊已经存在，同质性原理告诉我们，B 和 C 在很多方面会与 A 有相似处，因此他们之间很大可能会有很多相同点。结果，单单根据相似性，B 与

C 之间建立友谊的可能性就大，即使他们并不知道另一个人也认识 A。

但是，当看到图 8-6 所示的社会网络中的惊人划分时，还需要弄清楚它们是否"真实"存在于社会网络中，而不是由画出这个网络的方式所致。为了让研究的问题更具体，需要将其更清晰地形式化：给定一个关心的特征（如种族、年龄），是否可以通过一个简单的测试来估计一个网络是否显示出有关这种特征的同质性？

由于图 8-6 所示的例子太大，不便于手工处理，可通过一个小一些的例子来考虑这个问题，并从中得到一些结论。假设某小学课堂内有社会网络，以性别作为同质性的观察因素，即是否能观察到男生偏好与男生做朋友，女生偏好与女生做朋友的现象。比如，图 8-7 所示的小型社会网络，其中 3 个有色节点代表女生，而 6 个无色节点代表男生。如果完全不存在跨不同性别节点的边，同质性问题是容易回答的，即体现出一种极端的同质性，但我们预计同质性是一种微妙的现象，通常在聚集的情况下显示出来，如图 8-6 所示。那么，图 8-7 所示的网络也体现了同质性吗？

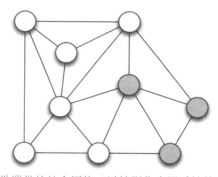

图 8-7　小学课堂的社会网络（以性别作为同质性的观察因素）

有一个关于同质性的自然的数值测度，可以被用来讨论此类问题，这里通过图 8-7 所示的性别例子作为引入来介绍这个测度。首先，请思考这个问题：如果一个社会网络没有显示出以性别为特征的同质性，会出现什么情况?这其实意味着一个人拥有的男、女朋友的性别比例与人群总数中男、女性别比例相同。如果根据现实社会网络中的性别比例来随机给节点做性别标注，那么跨不同性别节点的边的个数应与无同质性社会网络中的差别不大。这就是说，在一个没有同质性的社会网络中，友谊是在给定的特征下随机混合形成的。

假设有一个社会网络，其中男性占比为 p，女性占比为 q。考虑这个网络中的一条边，如果独立地以概率 p 标定一个节点为男性，以概率 q 标定一个节点为女性，那么一条边的两个端点均为男性的概率为 $p \times p$，两个端点均为女性的概率为 $q \times q$。此外，如果第一个端点是男性，第二个端点是女性（或者相反），也就对应一条跨不同性别节点的边，其概率为 $2pq$。

因此，测试按性别体现出的同质性的方法为：如果跨不同性别节点的边所占的比例显著低于 $2pq$，就有同质性的迹象。

在图 8-7 中，有 18 条边，其中 5 条是跨性别的。由于这个例子中，p=2/3，q=1/3，可以得到 $2pq$=4/9=8/18。换句话说，在没有同质性因素的影响下，我们应该得到 8 条跨不同性别节点的边，而非 5 条。所以这个例子中显示出同质性的迹象。

最后，可以容易地将同质性的研究扩展到其他特征（如种族、年龄、母语、政治倾向等）。当特征只有两个选择时（例如在对两位竞选人投票中），则可以直接利用性别案例的结论，即 $2pq$ 的计算方式。当一个特征有两种以上的可能结果时，也可以用此计算方法。如此，当相连的两个端点特征不同时，此连接是相异的。通过比较相异的连接的数目与随机分配在网络中每个节点上的特征结果，按从实际数据中得到的结果比例进行分配。如此，即使网络中的节点被分成许多类，也可以利用这种与随机混合基准相比较的方法，来测试其中的同质性。

8.4 物以类聚、人以群分

考虑一种特别的网络，包含人和情景两类节点。我们可以通过这样的网络来对同质性有更深入的认识，即用一个基于三元闭包概念的共同框架来描述情景与友谊的同时演进。理论上，此方法可以用来表述任何情景，但是为了具体一些，首先集中考虑如何表述一个人参与其中的活动，以及这些活动是如何影响连接形成的。"活动"是一个很宽泛的概念，如一个公司、组织、社区成员常到某个固定地点，有特定的兴趣爱好。如果两个人之间分享这些活动，那么他们将有很高的概率交往并建立社会网络的连接，或者可以称此活动为社团，即社会交往的焦点。

8.4.1 归属网络

第一步，用图来表示一群人参与一组社会焦点的情况，如图 8-8 所示。每个人对应一个节点，每种活动也对应一个节点，如果个体 A 参与活动 X，在个体 A 与活动 X 之间建立连接，图 8-8 简单表示了此情况，图中描述了两个个体（李启明与周远山）和两个社团（一个爱心社和一个车协），图中显示李启明参加了两个社团，而周远山只参加了一个社团。

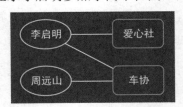

图 8-8　归属网络（表明个体参加某个社团）

这样的图被称为归属网络，因为它表明个体（图中左边）对社团（图中右边）的归属关系，更一般地，归属网络是二部图的一个例子。一个图若被称为二部图，是指它所有的节点可以被分成两组，每条边所连接的两个节点分别在不同的组中。换句话说，没有任何一条边连接同一组中的节点，所有的关联都在两组之间发生。二部图对于研究两组数据间的关系非常有用，有助于分析一组数据是如何与另外一组数据关联的，在刚刚提到的归属网络中，两组数据中一组是人，一组是社团，每条边都将一个人连接到他所参加的社团。

归属网络用来研究个体参与活动的模式。例如，这种网络在研究大公司管理层的组成结构时得到了很多关注。董事会通常由少量社会地位很高的人组成，且很多人同时就职于不同的董事会，他们之间的重叠参与，形成一个复杂的结构。归属网络可以表示出他们之间的重叠关系，如图 8-9 所示，每个人都由节点代表，每个公司董事会也由节点代表，且每条边代表人与其所在董事会的关联。

董事会归属网络有助于揭示有趣的关系网络：两个公司通过同一个董事会成员隐含地连在一起，有助于了解两个公司的信息流动和影响的通道；另外，两位董事若通过同时参与同一个董事会而被联系在一起，还有助于了解社会中最有权力的一些成员互动的特别模式。

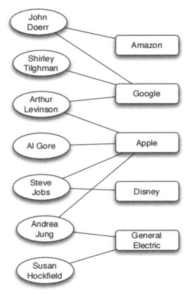

图 8-9　各公司董事会归属网络

8.4.2　社会（归属）网络结构的变化

很明显，社会网络与归属网络都随着时间在发展变化：新的朋友关系在建立，个体也和新的社团在建立关系。并且，这些改变表示了一种协同演化反映选择倾向及社会影响之间的相互作用，如果两个人参与同一个活动，则这为他们成为朋友提供了机会；而如果两个人是朋友，那么他们会影响对方参与新的社团。

与之前一样，个体和社团都用节点代表，再加入两类不同的关系连接。第一类关系连接在社会网络中：连接两个个体，表明两者之间的友谊关系（或者其他的社会连接关系，如在职场上的合作）；第二类关系连接在归属网络中：连接个体和社团活动，表明这个个体参与其中。此网络即为社会归属网络，它同时包含一个个体的社会网络及个体与社团之间的归属网络。图 8-10 描述了一个简单的社会归属网络，显示出人们之间的友谊和他们与社团的归属关系。

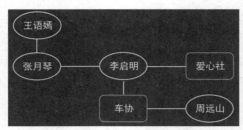

图 8-10　一个简单的社会归属网络

一旦有了这样的社会归属网络，就会发现其中的连接形成机制都可以看成某种形式的闭包过程，即它们涉及网络中三角形第三条边的"闭合"。例如，假设有两个节点 B 和 C 都有共同的相邻节点 A，此外，B 与 C 之间有边相连，如图 8-11 所示，根据 A、B，C 是个体还是社团，有如下三种可能的解释。

（1）如果节点 A、B 和 C 均代表个体，那么 B 与 C 之间边的形成属于三元闭包，如图 8-11（a）所示。

（2）如果节点 B 和 C 代表个体，而节点 A 代表社团，那么 B 和 C 之间边的形成有不同的意思：两个个体之间因为参与同一个社团而有建立连接的倾向，如图 8-11（b）所示。这是选择原理的一个体现，即人们与有相同特征的人建立关系。类似于三元闭包，我们称该现象为社团闭包。

（3）如果节点 A、B 均代表个体，而节点 C 代表社团，那么可能看到一个新的归属产生：个体 B 参加了个体 A 已经参加的社团，这是一种社会影响的情况，个体 B 的行为与其朋友 A 的行为取向一致，类似于三元闭包，我们将此连接的形成称为会员闭包，如图 8-11（c）所示。

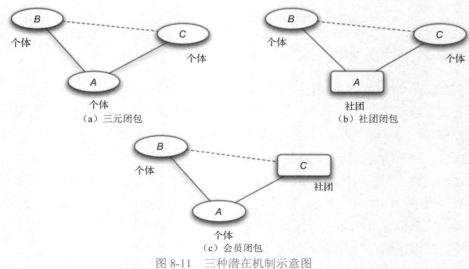

图 8-11　三种潜在机制示意图

综上所述，共有三种不同的潜在机制，分别体现为三元闭包、社团闭包和会员闭包。这三种机制可以通过不同的闭包统一在这种网络中，即都可以看成已有共同相邻节点的两个节点之间边的形成。图 8-12 描述了这三种闭包工作的过程：三元闭包可能导致王语嫣和李启明之间形成一条新边；社团闭包导致李启明和周远山之间形成一条新边；而会员闭包则导致张月琴加入了车协。

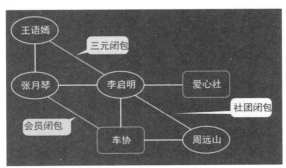

图 8-12　在包含人与社团的社会归属网络中，边的形成可随闭包的情况不同而有多种可能

8.5　谢林模型

8.5.1　谢林模型简介

发生在城市中的种族同质性非常值得关注。流连在都市区，同质性甚至产生了自然的空网现象：人们与其相似的人居住在一起，周围的商店、餐厅和其他商业活动都与居住在此地的人相匹配，叠加到一个地图上时，这个影响更引人注目。如莫毕（Mobius）和罗森博特（Rosenblatt）在图 8-13 中所描述的，该图反映了 1940 年至 1960 年间，芝加哥街区的非洲裔美国人所占百分比的情况，按照图中的记号，浅色表示低百分比，深色表示高百分比。图 8-13（a）、（b）同时反映了不同群体的聚居会随着时间的推移而逐渐加强，强调了动态的过程。

托马斯·谢林（Thomas Schelling）构建的模型描述的是同质性对于空间隔离的影响。当然在实际生活中，还有很多因素影响空间隔离，但是谢林模型用简单的方法解释了有强大的力量导致隔离——即使没有人刻意要求隔离，隔离也会出现。

关于此模型的一般形式化描述如下。假设有一群个体，每个个体属于 X 或 O。将这两种类型看成是不可变的特质，作为研究同质性的基础。个体"居住在"一个格的单元内，表示一个城市的二维地理方位，如图 8-14（a）所示，假设一些单元里居住着个体，而另一些单元里没有，一个单元的邻居是与之紧挨着的单元，包括对角线接触的，因此一个不在边缘的单元有 8 个邻居，我们可以等价地将这种邻居关系定义为一个图，单元是节点，我们将单元上的邻居连在一起，如图 8-14（b）所示。

（a）　　　　　　　　　　　　　　　　　（b）

图 8-13　1940 年至 1960 年芝加哥街区的非洲裔美国人所占百分比的情况

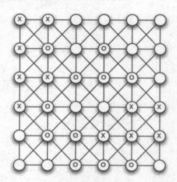

（a）现状满意示意网格　　　　　　　　　（b）现状满意示意图

图 8-14　谢林模型

　　该模型的基本制约因素是，每个个体要和一定量的同类个体成为邻居。我们假设门槛值 t 适用于所有的个体：如果一个个体发现自己拥有的同质邻居数比 t 少，他就有兴趣挪到其他的单元。我们称这样的个体不满意现状。例如，图 8-15（a）是对图 8-14（a）的一种标注，不满意现状的个体用"*"号标出，对应门槛值等于 3。在图 8-15（a）中，我们在每个个体后也添加了一个数字，相当于给每个个体一个名称，不过这里的关键是区分个体属于 X 类型还是 O 类型。

8.5.2　移动动力学

　　到现在为止，根据给定的门槛值，希望移动的个体已经被简单地标注出来。现在讨论这如何影响模型的动态性：个体按照轮次移动，每一轮按照一定的顺序考虑不满意的个体，轮到某个个体，将其挪到一个空着且会让他满意的单元中；一轮移动停止，不满意现状的个体经过一段时间，都已更换了他们原本所在的单元。但新的状况可能引起其他个体的不满，进而引起新一轮的移动。图 8-15（b）展示了一轮移动的结果，起始状态如图 8-14（a）

所示，其门槛值为 3。从上往下，逐行考虑不满意的个体，将每个个体移动到令他们满意的最近单元。注意，这一轮移动后，个体已经变得比较"隔离"了。比如，在图 8-15（a）中，只有一个个体没有不同类型的邻居。在第一轮移动后，可以发现在图 8-15（b）中有 6 个个体没有不同类型的邻居。我们看到的这种隔离程度的提高是从该模型中呈现出来的关键行为。

X1*	X2*				
X3	O1*		O2		
X4	X5	O3	O4	O5*	
X6*	O6			X7	X8
	O7	O8	X9*	X10	X11
		O9	O10	O11*	

（a）

X3	X6	O1	O2		
X4	X5	O3	O4		
	O6	X2	X1	X7	X8
O11	O7	O8	X9	X10	X11
	O5	O9	O10*		

（b）

图 8-15　谢林模型移动示意图

图 8-14 和图 8-15 所示的例子，可以帮助我们直观理解模型实现的细节，但是如此小的规模使人们难以看到模型中的典型模式，此时计算机模拟就非常有用了。

图 8-16 显示了在一个有 150 列和 150 行的网格上模拟的结果，其中每个类型有 10000 个个体和 2500 个空格，门槛值为 3，如前面的例子一样，两个图描述的是两次运行结果，都从一个随机分布的个体模式开始。在每种情况中，经过大约 50 轮的移动，模拟达到了每个个体都满意的状态。

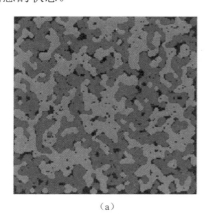

（a）　　　　　　　　　　（b）

图 8-16　谢林模型移动的模拟结果（门槛值为 3）

若例子中的门槛值从 3 提高到 4，这个过程将会进展得更明显。门槛值为 4 表示节点愿意有相同数量的不同类邻居。接着构造一个更复杂的棋盘例子让所有的个体都满意，此时大多数个体依然有相当数量的非同类邻居。现在，不单是很难从一个随机起始点达到一个规整的模式，而且由两类个体形成的整体模式的任何残余部分经过一段时间后倾向于彻底崩溃。图 8-17 中给出的是一次模拟中的 4 个中间状态，其中门槛值为 4，其他条件都不变（150 列和 150 行的网格，每个类型有 10000 个个体，且不满意的个体随机移动）。图 8-17（a）表示经过 20 轮移动后的状态，得到的个体的状态与门槛值为 3 时相似。然而，这并不能维持太久。关键是那些反映两种类型相互牵制的长"卷须"很快萎缩，在 150 轮移动后留下图 8-17（b）所示的更大的同质性区域。这种收缩现象继续，在 350 轮移动后，每个类别都留下一大一小的两个同质性区域［见图 8-17（c）］。经过 800 轮移动后，每个类别只有一个明显的区域［见图 8-17（d）］。注意，这时进程并没有结束，因为在边缘的个体依然在寻找移动的地方，但就整体而言，这两个区域的状态是相当稳定的。最后需要强调的是，这个图仅对应一次模拟的运行结果，多次实验表明，它所刻画的事件序列，在门槛值如此高的条件下，导致两种类型几乎完全隔离的现象是非常稳定的。

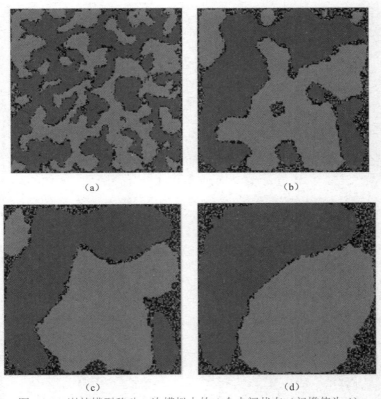

图 8-17　谢林模型移动一次模拟中的 4 个中间状态（门槛值为 4）

8.6　习题

1. 分析图 8-18，除了连接 b 和 c 的边外，其他都以强关系（s）或弱关系（w）进行了标注。根据强关系和弱关系理论，采用强三元闭包假设，连接 b 和 c 的边该如何标注？请用 1～3 句话进行简明的解释。

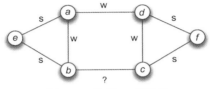

图 8-18 习题 1 示意图

2. 图 8-19 所示的社会网络中，每条边的属性不是强关系就是弱关系，哪些节点具有强三元闭包性质？哪些不具有这个性质？请解释你的答案。

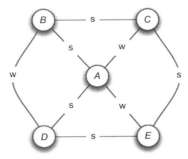

图 8-19 习题 2 示意图

3. 图 8-20 所示的社会网络中，每条边的属性不是强关系就是弱关系，哪两个节点具有强三元闭包性质？请解释你的答案。

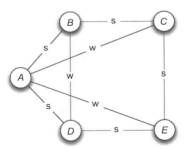

图 8-20 习题 3 示意图

4. 图 8-21 所示的社会网络中，每条边都标注了关系的强度（s 表示强关系，w 表示弱关系）。其中哪些节点具有强三元闭包性质？哪些不具有该性质？请解释你的答案。

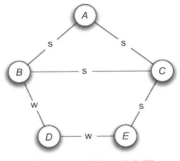

图 8-21 习题 4 示意图

5. 讨论图 8-22 所示的社会网络。假设此社会网络是在一定时间点，观察一定族群个体间的友谊关系得到的。另外，假设我们在将来的某个时间点会再次观察此网络。根据三元闭包理论，有什么新的关联最有可能出现？请简述你的理由。

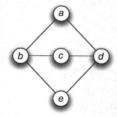

图 8-22　习题 5 示意图

6. 根据一个表示人们参与不同社会活动的二部图，研究者有时会创建一幅仅仅涉及相关人员的"投影图"，其中当且仅当他们参与了相同的社会活动时，两个人之间有一条边。

（1）画出与图 8-9 对应的投影图，其中的节点应该是图 8-9 中的 7 位人员，且如果两个人同在某一董事会供职，则他们之间应该有边。

（2）试给出一个例子，涉及两个不同的归属网络，它们有同样的人群，不同的社团关系，但投影图是相同的。该例子说明信息可能在从完整归属图到投影图的过程中"丢失"。

7. 在图 8-23 所示的归属图中，有 6 个个体（从 A 到 F），3 个社团（X, Y 和 Z）。

（1）画出如上题定义的 6 个个体的投影图，如果两个人共同参与一个活动，即表明他们之间有边。

（2）在上述网络中，能否体会到节点 A, C 和 E 的三角形与其他三角形有不同的含义？请解释。

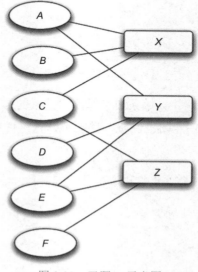

图 8-23　习题 7 示意图

习题讲解第 8 章

130

第 9 章

小世界现象

9.1 六度分隔

第 8 章给出了社会网络的基本概念，现在将其与一个基本的结构性问题联系起来——这些群体可以通过社会网络中非常短的路径连接起来。当人们试图利用这些短路径联系社交距离较远的其他人时，他们正在进行一种"聚焦"搜索，这种搜索比信息扩散或新行为所表现出的广泛传播更有针对性。理解目标搜索和广泛扩散之间的关系对于更广泛地思考事物在社会网络中的流动方式非常重要。

社会网络有非常丰富的短路径，称为小世界现象或六度分隔。社会心理学家 Milgram 对小世界现象进行了第一次重要的实证研究，他随机选择一些"启动者"，要求每人尝试将一封信件转发给居住在马萨诸塞州波士顿郊区沙伦镇的指定目标人。他提供了目标人的姓名、地址、职业和一些个人信息，但规定参与者不能将信件直接邮寄给目标人；相反，每个参与者只能将信件转发给他或她在第一个名字基础上认识的一个熟人。大约三分之一的信件最终给到了目标人，平均传递次数为六次，这成为全球友谊网络中存在短路径的基本实验证据。这种通过社会网络构建通往远方目标人的路径的实验方式，在随后的几十年中被许多其他群体重复使用。

Milgram 的实验确实证明了关于大型社会网络的两个惊人事实：第一，社会网络中存在大量的短路径；第二，人们可以找到这些短路径。想象一个社会网络，很容易理解第一个事实的合理性，但第二个事实却不太容易理解，在这个世界上，短路径是存在的，但从数千千米之外转发的信件可能只是从一个熟人给到另一个熟人，迷失在社会网络的迷宫中。真正的全球友谊网络包含了足够的线索，说明人们如何在更大的地理和社会结构中结合在一起，从而使搜索过程集中在遥远的目标上。事实上，当 Killworth 和 Bernard 进一步探索 Milgram 实验，研究人们选择向目标人转发事件的策略时，他们发现人们在转发过程中主要结合了地理关系和职业关系，具体利用什么特征取决于收信人和发信人不同的关系特征。

首先为短路径的存在，以及它们可以被发现这两个事实建立开发模型，看看这些模型中的某个模型如何从大规模社会网络数据中得到验证。然后探讨小世界现象的一些脆弱性，以及在思考这一现象时的注意事项：尤其是当目标人地位高且社会认知度较高时，人们最容易找到路径。这些研究难点引起人们对社会网络的全球结构更加浓厚的兴趣，并提出了进一步研究的问题。

9.2 Watts-Strogatz 模型

首先讨论一个存在短路径的模型，人们可能会惊讶地发现看似任意的两个人之间的路径竟如此之短。从直觉上理解短路径的基本推理为：假如每个人认识超过 100 个能直呼其名的朋友（事实上对大多数人来说这个数字要更高），同样，你的每个朋友除你之外也有至少 100 个朋友，原则上只有两步之遥你就可以接近超过 100×100=10000 人，进一步地，原则上经过三步你就可以接近超过 10000×100=1000000 人，每一步都以 100 的指数增长，经过 4 步可以接近 1 亿人，5 步后达到 100 亿人。

从数学上看这个推理并没有错，但它所提供的关于真实社会网络的信息并不清晰。第二步得出的结论可能会超过 10000 人，问题已经产生了。社会网络呈三角形，即三个人互相认识，也就是说，你的 100 个朋友中，许多人也都相互认识。因此，当考虑沿着朋友关系构成的边到达的节点时，很多情况是从一个朋友到另一个朋友。数字 10000 这个结果是假设你的 100 个朋友连接到 100 个新朋友得到的；如果不是这样，经过两步你能达到的朋友数将大大减小。

事实上，从某种程度上说，这正是很多人首次听说到小世界现象后感到吃惊的主要原因，从局部角度看社会网络的个体被高度聚集，没有大量的分支结构沿着很短的路径到达许多节点。

是否可以构建一个简单的模型，兼备以上讨论的两个特点：存在许多闭合的三元组合及很短的路径。1998 年，Watts 和 Strogatz 指出这种模型结合了第 8 章提出的社会网络的两个基本特征：同质性（人们与志趣相投的人建立关系）和弱连接（这些连接能让人们与网络中距离较远的人建立关系）。同质性产生了许多三角关系，弱连接产生了广泛的分支结构，可以经过几步到达许多节点。

基于上述思想，Watts 和 Strogatz 提出了一个非常简单的模型，产生的随机网络具备我们需要的特性。他们最初的方案是假设每个人都生活在一个二维网格中。可以将网格想象成一种地理关系或某种更抽象的社会关系的近似，无论哪种情况，它是形成连接关系的一种类似描述。图 9-1（a）显示了以网格形式排列的一组节点，如果两个节点纵向或横向直接相邻，称它们相距一个网格步。

该模型为网络中每个节点创建两种连接，一种是纯粹的同质性连接，另一种是弱关系连接。同质性连接是某个节点到那些相距 r 网格步以内节点的连接，这些连接是连接到那些熟悉的人的。对于另一个常数 k，每个节点也形成到其他节点的连接，这些节点被随机均匀地选择，对应于弱关系连接，可以将节点连接到较远的其他节点。

图 9-1（b）展示了由此产生的网络示意图，这是一种混合结构，基本结构（同质连接）中散落着少量随机连接（弱关系）。Watts 和 Strogatz 观察到，第一，该网络有许多三角形：任何两个相邻节点（或邻近的节点）有很多共同的朋友，原因是它们在 r 网格步内的邻居有重叠。他们同时发现，网络中每一对节点能够以很短的路径相连，并且这种短路径存在的概率较高。他们的观点大体描述如下，跟踪一个节点 v 向外的路径，只关注它的随机弱连接，由于那些节点被随机均匀地选择，因此不太可能在从节点 v 向外连接的前几步就遇到某个节点两次，也就是说前几步应该是像图 9-1（a）描述的那样，因为没有三元闭合，所以大量的节点经过较少的步骤可以到达。Bollobas 和 Chung 以精确的数学模型论证了这种观点，并确定了典型的路径长度。

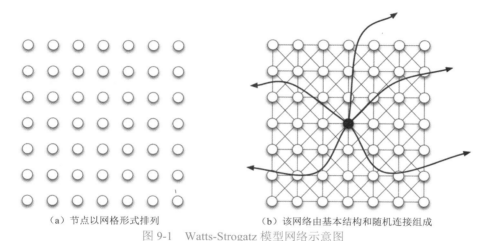

（a）节点以网格形式排列　　　　　　（b）该网络由基本结构和随机连接组成

图 9-1　Watts-Strogatz 模型网络示意图

　　一旦理解了这种混合网络形成短路径的原理，就会发现只要极少量的随机连接便可以达到同样的效果。例如，假设不要求每个节点都有 k 个随机朋友，而是 k 个节点中只有一个节点有一个随机朋友，为保持相似性，假设基本的边像以前一样，如图 9-2 所示，这个模型与之前的模型相比有较少的随机朋友。大多数人只认识他们的近邻，只有少数人认识某个距离较远的人，即使是这样的网络，所有节点对之间仍然存在短路径。现在来解释原因。把图 9-2 中 $k×k$ 子网格形成的方块想象成不同的城镇，从城镇的角度考虑小世界现象，每个城镇约有 k 个人分别有一个随机朋友，因此每个城镇共有 k 个随机均匀选择的到其他城镇的路径，这样就回到了之前的模型，只是这里以城镇替代了前面的节点，因此，我们能够找到任何两个城镇之间的短路径。现在要发现任何两个人之间的短路径，首先要找到两个人居住的城镇之间的短路径，然后利用邻近边形成路径，进而连接网络中不同的个体。

　　即便网络中只有很少的节点有单一的随机连接，Watts-Strogatz 模型的一般性结论仍然成立。

　　Watts-Strogatz 模型的关键是，以远距离、弱关系的形式引入少量的随机性，就足以通过每对节点之间的短路径使世界变小。

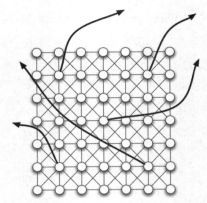

图 9-2　Watts-Strogatz 模型（很少的节点有单一的随机连接）

9.3　短视搜索

现在考虑 Milgram 小世界实验的第二个基本观点，人们实际上能够找到指定目标的短路径。这种新奇的社会搜索任务是 Milgram 为参与者制定的实验模式导致的必然结果。要真正找到一条从起始者到目标的最短路径，需要指导参与者向他或她的所有朋友转发这封信件，再让这些收到信件的朋友向他们或她们的所有朋友转发信件，以此类推。这种网络"泛洪"会使信件以最快速度到达目标，本质上这是前面章节介绍的广度优先搜索过程，但很明显，这样的实验过程很难实施。因此，Milgram 才设置一个更有趣的实验，通过网络中的"道"构建路径，信件在每一步只通过一个人转发，这样即使短路径存在，信件最终很可能未到达目标。

这个实验的成功提出了一个重要问题，为什么社会网络会形成一种具有短路径的结构，从而使得集体搜索成为可能。显然，网络包含某种形式的"梯度"，能帮助参与者将信件朝着目标转发。正如 Watts-Strogatz 模型力求提供一种简单的框架帮助我们思考高度集中型网络的短路径，我们也可以尝试为这种分散的搜索构建模型：是否能够建立一个随机网络，可以成功地形成分散式路由，并定性地揭示成功的关键是什么。

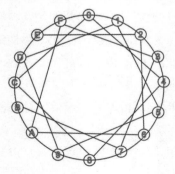

图 9-3　一个短视搜索的示例

相对于广度优先搜索（无目标），这是一种有目标的基于局部信息的搜索，它具有如下特点：每个节点有一个特征，任何两个节点之间的特征可以有差别（距离）（不同于图论中定义的距离）；每个节点都知道目标节点的特征，也知道自己和自己邻居节点的特征；搜索过程可看成是信息传递的过程，节点将信息传给离目标节点距离较近（差别较小）的邻居节点。我们把这种分散的搜索称为短视搜索。图 9-3 所示为一个短视搜索的示例。

这个图由节点 0, 1, …, 9, A, …, F 组成。它们的特征距离（差别）是由环上的相对位置定义的，例如，节点 0 和 A 的距离为 6。从 0 开始，以 A 为目标的短视搜索：0-C-B-A，而不能是 0-F-A。因为对于 0 来说，目标是 A，从它的视角，C 相对于 F 到 A 的距离更短。

因此，基于 Milgram 实验不难构建一个短视模型。首先考虑 Watts 和 Strogatz 构建的网格模型，假设从一个节点开始沿着网格最终到达目标节点 t，最初只知道 t 在网格中的位置，除了自己连接的节点，并不了解其他节点连接的随机边。路径上每个中间节点也都仅了解这种局部信息，而且它们必须选择某个邻居转发该消息，这些选择相当于寻找一条从 s 到 t 的路径，就像 Milgram 实验中参与者共同构建了到达目标人的路径。很遗憾，可以证明基于这种设置，Watts-Strogatz 模型中短视搜索要到达一个目标需要相当多的步骤。作为一个数学模型，Watts-Strogatz 模型很难获得人们在网络中共同合作从而找到路径的能力。从本质上讲，问题出在这个模型中，这个模型使小世界现象的弱连接"太随机"，它们与产生同质性节点的连接没有任何关系，因此很难被有效地利用。

为了到达一个遥远的目标，人们必须利用远程的弱连接，以一种合理的结构和系统的方法不断缩小到目标的距离。Milgram 指出，信件从内布拉斯加州到马萨诸塞州的地理运输过程非常惊人。每当一个新人加入这个链，信件就向目的地更近一步。因此，网络模型只描述弱连接能够跨越很远的距离是不够的，还要能描述该过程所跨越的中程范围。是否有一种简单的方式能将这些因素考虑到模型中？

Watts-Strogatz 模型不能提供一个有效的短视搜索结构，但对该模型稍加扩展就可以得到我们所需要的两种特性：①网络包含短路径；②通过短视搜索可以发现这些短路径。

首先为模型引入一个衡量远程弱连接跨越距离的"尺度"。网格中的节点像以前一样，每个节点在 r 个网格步内与其他节点相互连接。然而，每个节点的随机边以到该节点的距离衰减的方式生成，由下面定义的聚集指数 q 控制。对于两个节点 v 和 w，设 $d(v,w)$ 表示它们之间的网格步数（一个节点沿着到相邻节点的边到另一个节点的步数）。要产生一条由 v 出发的随机边，用与 $d(v,w)^{-q}$ 成正比的概率产生由 v 到 w 的随机边。

因此，对于不同的 q 值会得到不同的模型。最初的网格模型对应于 $q=0$，因为连接是被随机均匀选择的；当 q 非常小时，远程连接太随机，因此不能有效地用于短视搜索（正如 $q=0$ 的情况）；当 q 非常大时，远程连接就不够随机，因为它们没有创造足够多的远距离跳跃。图 9-4 形象地描述了两个网络中 q 值的差异情况。网络是否存在一个最佳工作点，使得远程连接的分布能够有效地在这两种极端情况之间达到平衡，从而实现快速的短视搜索？

实际上存在这样的工作点使模型能够达到最佳工作状态，其主要的特征是，在大型网络中，当 $q=2$ 时短视搜索最有效（此时随机连接遵循反平方分布）。图 9-5 展示了一个由几亿个节点组成的网络，采用不同的 q 值实施短视搜索的结果。注意只有在网络规模趋于无穷大时，才能准确地表现出相应的特性，对于图 9-4 中的网络规模，短视搜索在指数 q 为 1.5～2.0 时具有几乎相等的效率（这个范围的网络，q 略低于 2 为最佳）。然而总的趋势非常明显，随着网络规模的扩大，q 越来越接近 2，性能也越接近最佳状态。为了了解指数 $q=2$ 有什么特别之处，能使短视搜索效果最好，这里跳过详细的证明过程，利用简短的计算来说明数字 2 的重要性。

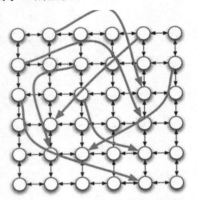
（a）对于一个较小的聚集指数，随机边较长

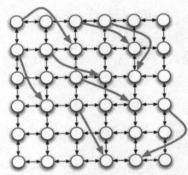
（b）对于一个较大的聚集指数，随机边较短

图 9-4　两个网络中 q 值的差异情况

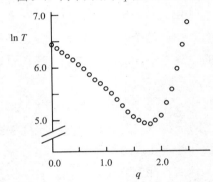

图 9-5　由几亿个节点组成的网络采用不同的 q 值实施短视搜索的结果
（图中每个点表示运行 1000 次的平均交付时间）

在 Milgram 实验实施的真实世界中，主观上可以用不同的分辨尺度来描述距离，如跨度为全球、国家、省市或者街区等不同的范围。对于一个网络模型，分辨尺度可以从一个特定的节点 v 的视角来理解，按照递增的距离范围来思考每一组节点，如距离范围为 2～4、4～8、8～16 等。

9.4　习题

1. 在基本的六度分隔问题中，有人问是否世界上大多数人通过社会网络中一条最多有六个边的路径彼此连接，其中连接任何两个人的边都代表着能够直呼其名的关系。现在，我们考虑这个问题的一个变化形式。假设我们考虑整个世界的人口，并假设每个人到其 10 个最亲密的朋友分别创建一条有向边（除此之外不再与其他好朋友建立连接）。在这个基于最亲密朋友的社会网络中，是否可能有一条最多六个边的路径连接世界上的任何两个人？请解释。

2. 在基本的六度分隔问题中，有人问是否世界上大多数人通过社会网络中一条最多有六个边的路径彼此连接，其中连接任何两个人的边都代表着能够直呼其名的关系。现在请思考一个变换的问题，要求世界上的每个人对他们的 30 个最好的朋友排名，按对这些朋友了解程度的降序排序。（假设为了这个习题，每个人能够想到 30 个人的名字），然后构造两个不同的社会网络。

（1）"亲密朋友"网络：每个人向其最亲密朋友列表中的前 10 个朋友分别创建一条有向边。

（2）"疏远朋友"网络：每个人向最亲密朋友列表中排名 21～30 的 10 个朋友分别创建一条有向边。

思考这两个网络中的小世界现象有什么不同。特别是，设 C 是亲密朋友网络中一个人可以通过六步连接到的平均人数，D 为疏远朋友网络中一个人可以通过六步连接到的平均人数（取全世界的平均数）。

当研究人员完成了这个实证研究，并对比这两个网络时（每个人的研究细节往往有所不同），他们往往会发现，C 或 D 始终比另一个大。你认为 C 或 D 哪个比较大？对你的答案给出简要的解释。

3. 假设你正在和一个研究小组研究社会网络，特别关注在这类网络中人们之间的距离，并探索小世界现象更广泛的影响。

该研究小组目前正在与一个大型移动电话公司协商一项协议，了解他们"谁给谁打电话"的快照。具体而言，根据严格的保密协议，电话公司答应将提供一个图表，其中每个节点代表一个客户，每条边表示一年间一对彼此通话的人。（每条边附加呼叫的次数和时间。每个节点并不提供个人的其他信息。）

最近，电话公司提出，他们将只提供那些一年中平均每周至少通话一次的边，而不是所有的边。（也就是说，所有节点都包含，但只有那些通话至少 52 次的边。）电话公司知道这并不是完整的网络，但他们坚持提供较少的数据，认为这已经是完整网络的一个很好近似。

尽管你的研究小组反对，但电话公司依然不愿意改变立场，除非你的团队能给出具体的研究结果，证明这种不充分的数据集很可能产生误导。研究小组负责人要求你准备一个简短的论据回应电话公司，说明这样的数据集可能会产生误导性的结论。请简述你的论据。

习题讲解第 9 章

第 10 章

博弈论基础

10.1 博弈的基本概念

博弈论用来研究这样一种情景，即人们的决策结果不仅取决于他们如何在不同的备选项之间进行选择，而且取决于与他们互动的其他人所做出的选择。博弈论的思想运用于社会计算的许多地方。比如第 11 章描述了两个最初的和最基本的应用：一是用于对交通网络流量的研究，在这项研究中，个人的行驶时间取决于他人的路径选择；二是用于对拍卖的研究，在这项研究中，一个竞价者的成功取决于他人是如何竞价的。

博弈论关注的背景是决策者彼此之间是有互动的，即行为的相互关联性，每个参与者对结果的预期不仅取决于他/她自身的决策，还取决于互动的他人所做出的选择，要理解具体的博弈定义，最好从案例分析开始。

10.1.1 博弈的一个案例

假设你是一名大学生，在规定的截止日期前一天，你有两项需要准备的工作。一是考试，二是报告。此时，你需要考虑在为考试而复习和为报告做准备二者之间做取舍。为使例子表达得更加清晰，可以利用一些假设：首先，假设你可以在为考试复习或者为报告做准备间进行选择，但只能选择一种；其次，假设在不同决策结果公布之前，你对预期成绩有比较准确的估计。

考试结果易于预测，假设进行复习，则预期成绩是 92 分。但是，假设没有复习，则预期成绩是 80 分。报告需考虑的因素稍为复杂。因为报告是你和拍档的合作行为。假设你和拍档都做了充分准备，则报告会十分的完美，因而你们预期的共有成绩是 100 分。假设只有一个人做了准备（另外一个拍档没有为报告做准备），则你们的预期共有成绩是 92 分。假设两个人都不做准备，你们的预期共有成绩是 84 分。

这个例子在推理时需注意，所有这些对你的拍档也是一样的。进一步假设，你们彼此不能相互沟通，所以，你们不能共同商讨行为选择。而且在彼此进行独立决策时彼此都知道对方也在进行决策。

假设你们都追求得到平均成绩的最大化，则可以通过上面的结论来理解，这种平均成绩是如何通过彼此之间投入的努力决定的。

假设你们都选择准备报告，则彼此都将在报告上得到 100 分，在考试上得到 80 分，每个人的平均成绩是 90 分。假设你们都选择复习考试内容，则都将在考试上得到 92 分，在报告上得到 84 分，每个人的平均成绩是 88 分。

假设一方复习考试，而另一方准备报告，得分结果为：选择准备报告的一方在报告上的得分是 92 分，在考试上的得分是 80 分，他的平均成绩是 86 分；另一方面，选择复习考试的一方在报告上的得分是 92 分，因为报告成绩是共有成绩，这方因对方的准备报告行为而获益，而通过复习，他在考试上的得分是 92 分，所以他会获得的平均成绩是 92 分。

下面有一种简单的方法归纳这些得分情况。此处用 2×2 表格的行代表你的两种选择行为：准备报告或复习考试，同样用 2×2 表格的列代表你拍档的两种选择行为。所以 2×2 表格中的每个单元格都代表你们的一种联合选择行为。在每个单元格中记录你们的平均成绩：左侧是你的成绩，右侧是你拍档的成绩，全部的记录结果如图 10-1 所示。

	你的拍档	
	报告	考试
报告	90，90	86，92
考试	92，86	88，88

图 10-1　决定复习考试还是准备报告的博弈示例（收益矩阵）

2×2 表格巧妙地表现了博弈的场景。现在，需要决定行为选择：是准备报告，还是复习考试。很显然，各自的平均成绩不仅取决于个体在这两个备选项之间的选择，还取决于拍档的决策，即互动的他人的选择，因此作为各自决策的一部分，参与方必须对对方可能的行为进行合理推理。当考虑自己策略的后果时，必须想到他人决策的影响，这正是博弈论的用武之地。所以，在分析复习考试或准备报告例子的结果之前，先介绍博弈论的一些基本定义，再继续用博弈论语言加以讨论。

10.1.2　博弈的基本要素

以上描述的情景实际就是一个博弈的例子。一般而言，任何博弈都具有以下三个方面的特征。

（1）存在一组参与者（不少于两个），不妨称之为博弈参与人。就上例而言，你和你的拍档就是两个参与人。

（2）每个参与人都有一组关于如何行动的备选项，此处备选项指参与人的可能策略。在例子中，你和你的拍档彼此都有两个可能的策略（行为），即准备报告和复习考试。

（3）每个策略（行为）的选择，都会使参与人得到一个收益（也称回报）。当然，这个收益结果还受互动中他人策略的影响，一般用数字表示收益。每个参与人都倾向于争取更大的收益。在上例中，每个参与人在考试和报告上取得的平均成绩，就是参与人的收益。一般通过图 10-1 所示的收益矩阵来记录不同的收益情况。

我们感兴趣的关注点是在给定的博弈中，推理参与人如何进行策略（行为）抉择。本章讨论的重点在于双人博弈，但所采用的分析思想可推广到任意数量参与人的博弈，同时集中于简单的一次性博弈。这种博弈的典型特征是，参与人会同时并独立地选择各自的行为，并且他们的选择行为是一次性的。

10.1.3　博弈中的行为推理

一旦完整地给出了参与人、策略集和收益，就严格描述了一个博弈，然后就可以来问参与人如何选择他们的策略。

为了理解这个问题，可以从以下几个预设的假定开始。

首先，假设一个参与人最关心的是自己的收益，对"考试-报告"博弈而言，个人只希望让各自的平均分数最大化。

其次，每个参与人对博弈结构充分了解，这意味着参与人都知道自己和对方的可能策略集，也可以假设每个参与者也知道另外一个人是谁和能用的策略，以及在各种策略下的收益。比如在"考试-报告"博弈中，你和你的拍档都面临着复习考试或准备报告的策略取舍，而你们对不同行为的预期结果都有准确的评估。尽管有这个假设，但是我们注意到仍然有许多关于信息不完整博弈的研究工作。事实上，哈桑尼就是因为他在不完全信息博弈上的贡献获得了 1994 年诺贝尔经济学奖。

最后，假设每个个体策略的选择都是为了达到自身收益的最大化，参与人也知道其他参与人会选择收益最大化的策略。这种个体行为模型，通常称为理性人模型，它结合了两种认识：一是每个参与人都想要自己的收益最大化；二是每个参与人实际上都会选择最优策略。有关参与人在博弈行为中出错并继续从中学习的思考，是值得关注的，已有大量文献分析了具有这种特性的问题，在此不加以讨论。

通过"考试-报告"博弈，探寻怎样预测你和你的拍档的行为，即预测博弈中参与人的行为。集中从"你"的角度加以分析（你的拍档的策略选择的推理与你的策略选择的推理呈对称性，因为从他的角度看到的和从你的角度看到的是一样的）。

假设你得知你的拍档将复习考试。若你也复习考试，则你的收益是 88 分；而假设你准备报告，则你只能得到 86 分。所以，在这种情况下，你应该采取复习考试的策略。

另外，假设你得知你的拍档将准备报告。那么，若你也准备报告，则你的收益是 90 分。而假设你复习考试，则收益是 92 分。在这种情况下，你也应该选择复习考试。

这种思考你的拍档的选择策略的方法，在上面的情境中证明是一种有效的分析方法。

它显示无论你的拍档如何选择，你都应该选择复习考试。

当无论其他参与人选择何种策略时，你都有同一个策略是最佳选择，则定义这个策略是严格占优策略。若某参与人有一个严格占优策略，则可以预期他会确定地选择它。在"考试-报告"博弈中，对你的拍档来说，复习考试也是一个严格占优策略（在同样的推理思路下），所以可以预期，结果将是你们都为考试复习，彼此都将得到 88 分的平均成绩。

这个博弈的分析过程是非常清晰的。它让我们很容易看到，博弈的预期结果将会怎样。除了这点，还有一个与这个结论有关的值得注意的情况，即如果你和你的拍档商量好了，两个人都准备报告，则双方都平均得 90 分。换句话说，双方的收益都会更大一些。但是，尽管你们都理解这个潜在的事实，但这 90 分的收益是不可能在理性博弈中获得的。其中的原因在前面的推理中已经叙述得十分清楚。那就是即使你决定去准备报告，并且希望你的拍档也这么做，从而都得到 90 分，可是假如你的拍档知道你在这么做，则他此时有动机去选择复习考试而不配合你来准备报告，因为前者会给他带来更大的收益，即 92 分。

这样的结果取决于最初的假设，即个人收益是每个参与人评估博弈结果的唯一指标。对这个例子而言，就是你和你的拍档只关心各自平均成绩的最大化。如果你关心你的拍档得到的成绩，则这个博弈的收益情况就会不同，博弈结果也会不同。类似地，如果你想到你的拍档可能会对你没有共同准备报告而生气，那么这个要素也应作为收益的一部分来考虑，就会再次潜在地影响到结果。但就前面讨论中的收益而言，可以看到一个不可能通过理性博弈取得的更好的结果（每人都得到 90 分的平均成绩）。

10.2　博弈的求解

10.2.1　囚徒困境

"考试-报告"博弈的结论和博弈论发展史上著名的博弈紧密相关。假设有两个嫌疑人被警察抓住，并且被分开关押在不同的囚室。警察强烈怀疑这两个嫌疑人和一场抢劫案有关，但是没有充足的证据证明他们的抢劫行为。两个嫌疑人都被告知以下事实："如果你坦白，而另外一人抵赖，则你可以马上释放，另外一人将承担全部罪行。你的坦白将足够证明另外一方的罪行，则他将会被关押十年。如果你们都坦白，则不需要相互证明对方有罪，你们的罪行都将被证实。（在这种情况下对你们的量刑将会减少，只有 4 年，这是因为你们有认罪表现）。最后，如果你们都不坦白，那么没有证据证明你们犯有抢劫罪，我们将以拒捕控告你们。拒捕也是要判刑的，尽管会少一些，比如一年。另外一方也正在接受这样的审讯。你想坦白吗？"

为了使该案例表达为形式化的博弈结构，需要确定参与人和可能的策略集及收益。两个嫌疑人都是参与人，每个参与人都可在两种可能策略间做出选择——坦白或抵赖。最后，从上面的案例中总结出图 10-2 所示的收益矩阵。注意，这里的收益全是 0 或者小于 0，因为对于这两个嫌疑人来说，不会有正收益，只会有不同程度的坏结果。

		嫌疑人 2	
		抵赖	坦白
嫌疑人 1	抵赖	-1, -1	-10, 0
	坦白	0, -10	-4, -4

图 10-2   囚徒困境的收益矩阵

正如在"考试-报告"博弈的推理过程中可以选择考虑其中一个嫌疑人的行为，比如说嫌疑人 1 的决策。

假设嫌疑人 2 计划坦白，则嫌疑人 1 通过坦白行为得到的收益是-4，通过抵赖行为得到的收益是-10，所以在这种情况下最优选择是坦白；假设嫌疑人 2 计划抵赖，则嫌疑人 1 通过坦白行为得到的收益是 0，通过抵赖行为得到的收益是-1，所以在这种情况下最优选择还是坦白。

因此，坦白是嫌疑人 1 的严格占优策略，无论其他参与人如何选择。自然地，就可以推测嫌疑人 2 也会选择坦白，彼此得到的收益是-4。

在这里也有一个值得注意的现象：嫌疑人都知道，当他们都选择抵赖的时候，结果会是更优的。但在理性博弈中，参与人根本不可能得到这个结果。

自从 20 世纪 50 年代以来，囚徒困境便成为研究热点，出现了大量相关文献。它很好地刻画了在个体私利面前，建立合作是十分困难的模型。同时，现实生活中反而没有什么模型可以像囚徒困境这样简单而精确地刻画这种复杂的情形。

10.2.2   最佳应对与占优策略

在前面的推理中，使用了两个基本概念，它们是讨论博弈论问题的核心。正因为如此，这里要精确定义它们，并进一步探讨它们的影响。

第一个概念是最佳应对。最佳应对即参与人的最好选择。最佳应对以参与人考虑到其他参与人将有的行为策略集为前提。比如，在"考试-报告"博弈中，确定其中一个参与人的最好选择应对应于另一方每种可能的选择策略。

下面为使该定义更加明确，引入符号表示。假设 S 是参与人 1 的一个选择策略，T 是参与人 2 的一个选择策略，则可以在收益矩阵中的某个单元格对应策略组(S,T)中用 $P_1(S,T)$ 表示参与人 1 从这组决策中获得的收益，$P_2(S,T)$ 表示参与人 2 从这组决策中获得的收益。现在，针对参与人 2 的策略 T，若参与人 1 用策略 S 产生的收益大于或等于任何其他决策，即 $P_1(S,T) \geqslant P_1(S',T)$，则称参与人 1 的策略 S 是参与人 2 的策略 T 的最佳应对。

S′是参与人 1 除 S 外的其他策略，自然地，对于参与人 2，也有完全对称的定义，在此不详述。

值得注意的是，在最佳应对定义中，参与人 1 可能存在不止一个策略，是策略 T 的最佳应对。于是，很难预测参与人 1 究竟会在多个最佳应对策略中具体选择哪一个，有时需要强调最佳应对的唯一性，即若 S 会产生比任何和策略 T 相对应的其他策略都要大的收益，则称参与人 1 的策略 S 是对于参与人 2 的策略 T 的严格最佳应对，即 $P_1(S,T)>P_1(S',T)$。

如果参与人对另一参与人的策略 T 有一严格最佳应对策略，则很明显，针对策略 T，该参与人一定会选择这个严格最佳应对策略。

第二个概念，也是 10.1 节分析的核心，即严格占优策略，可以从最佳应对角度给出其定义：

- 参与人 1 的占优策略，是指该策略对于参与人 2 的每一策略都是最佳应对。
- 参与人 1 的严格占优策略，是指该占优策略对于参与人 2 的每一策略都是严格最佳应对。

假设参与人有严格占优策略，就可以预期他/她会采取该策略。囚徒困境博弈分析中，正是因为参与人彼此都有严格占优策略，才会使分析过程简单，很容易推导出可能会发生的策略选择。但是，多数情况下不会如此明确，因此，有必要关注一些缺乏严格占优策略的博弈。

有这样一种情况：只有一个参与人有严格占优策略，而另一个参与人没有严格占优策略。举例来说，我们考虑下面的事实：

假设有两家公司，各自都规划生产销售一款新产品。这两款新产品会直接对立竞争。设顾客总体被分成两个市场：一部分消费群体只购买廉价商品，另一部分消费群体只购买高档商品。进一步假设，每家公司从廉价商品和高档商品所获得的利润是相等的，于是追求利润实际上要通过追求市场份额来实现。每家公司都追求利润最大化，就是在追求销售量最大化，这就需要确定拟生产的新商品是廉价的还是高档的。

因此，该博弈就出现了两个参与者都有两种可能的决策：生产廉价商品或高档商品，为了确定收益，就需要确定销售量，下面是预期销售量的计算过程。

设消费群体中有 60% 倾向于购买廉价商品，40% 倾向于购买高档商品。

公司 1 的品牌形象及效应更佳。因此，若这两家公司在同一商品市场中竞争，则公司 1 可以得到 80% 的市场份额，公司 2 可以得到 20% 的市场份额。在给定市场划分中，若两家公司生产不同的产品，则每家公司都会得到该商品市场的全部份额。

基于这些假设能确定不同策略选择的收益：

假设两家公司分别针对不同的市场领域，则彼此都能在各自的市场领域内获得全部市场份额，所以，目标市场定位在廉价商品市场的公司将会得到 0.60 的收益，定位在高档商品市场的公司将会得到 0.40 的收益。

假设两家公司的目标市场都定位在廉价商品市场，则公司 1 将会得到 80% 的市场份额，收益是 0.48，公司 2 将会得到 20% 的市场份额，收益将是 0.12。

类似地，假设两家公司的目标市场都定位在高档商品市场，则公司 1 的收益是 0.8×0.4=0.32，公司 2 的收益是 0.2×0.4=0.08。将该计算结果写成收益矩阵，如图 10-3 所示。

		公司 2	
		廉价商品	高档商品
公司 1	廉价商品	0.48, 0.12	0.60, 0.40
	高档商品	0.40, 0.60	0.32, 0.08

图 10-3　营销战略的收益矩阵

在该博弈例子中，应注意到公司 1 有一个严格占优策略。相对于公司 2 的每个策略，公司 1 的廉价商品策略都是严格最佳应对。另一方面，公司 2 没有严格占优策略，当公司 1 采取高档商品策略时，廉价商品策略是其最佳应对，当公司 1 采取廉价商品策略时，高档商品策略是其最佳应对。

尽管如此，也不难预测该博弈的结果。由于公司 1 的廉价商品策略是其严格占优策略，我们可以预测公司 1 将会采取该策略。此时公司 2 应该怎样博弈呢?假设公司 2 知道公司 1 的收益情况，并知道公司 1 追求利益最大化，则公司 2 有充分理由预测公司 1 将采取廉价商品策略。因为高档商品策略是公司 2 应对公司 1 廉价商品策略的严格最佳应对，也就可以预测公司 2 将会采取高档商品策略。因此，在该市场博弈中，可以预测其发展趋向，即公司 1 将会采取廉价商品策略，公司 2 将会采取高档商品策略。最终，各自的收益分别是 0.60 和 0.40。

应注意到，虽然在推理过程中是分两个步骤进行描述的，即第一步是公司 1 的严格占优策略，第二步是公司 2 的最佳应对。但是，这仍在参与人同时进行策略取舍的范围内。两家公司仍是同时决策，同时分开、秘密地制定各自的市场策略的。显然，当有关策略的推理过程自然地遵循以上两步骤的逻辑时，如何进行策略选择的预测也变得简单。

10.2.3　纳什均衡

但是当参与人在双人博弈中都无严格占优策略时，则需要通过其他方式来预测。

为了构建这个问题，还可以构建一个略微复杂的例子。假设存在两家公司，彼此都希望和 A、B、C 三个客户之一谈生意。每家公司都有三种可能的策略。

假设两家公司都找同一个客户，则该客户会给每家公司一半的业务。

公司 1 规模太小，以至于不能靠自身找到客户源，所以只要它和公司 2 分别寻找不同的客户洽谈生意，则公司 1 获得的收益将会是 0。

假设公司 2 单独寻找客户 B 或 C 洽谈生意，则会得到客户 B 或 C 的全部业务；由于 A 是一个大客户，寻找客户 A 洽谈生意时，必须和其他公司合作才能接下业务。因为 A 是一个大客户，和它做生意，收益是 8（假设两家公司合作，则每家公司会得到收益 4）。但是和 B 或 C 做生意的收益是 2（如果合作，则每个公司的收益是 1）。

从上面的叙述中，我们可以写出图 10-4 所示的收益矩阵。

公司 2

	A	B	C
A	4, 4	0, 2	0, 2
B	0, 0	1, 1	0, 2
C	0, 0	0, 2	1, 1

公司 1（位于左侧，对应 A、B、C 行）

图 10-4　三客户博弈的收益矩阵

研究该博弈中的收益会发现，两家公司都无占优策略。事实上，每家公司采取的策略都是另一家公司采取的某一策略的严格最佳应对。对于公司 1 而言，如果公司 2 选择 A，则它的严格最佳应对也是选择 A，如果公司 2 选择 B，则它的严格最佳应对也是选择 B；如果公司 2 选择 C，则它的严格最佳应对也是选择 C。从公司 2 的角度考虑，如果公司 1 选择 A，则它的严格最佳应对是选择 A；如果公司 1 选择 B，则它的严格最佳应对是选择 C，如果公司 1 选择 C，则它的严格最佳应对是选择 B。那么，我们如何推理出该博弈行为的结果呢？

1950 年，约翰·纳什在推理一般博弈行为时，提出了一个简单但非常重要的原则，它的基本认识是：即使不存在占优策略，也可以通过参与人彼此策略的最佳应对，来预测参与人的策略选择。更准确地说，假定参与人 1 选择策略 S，同时参与人 2 选择策略 T，若 S 是 T 的最佳应对，同时 T 是 S 的最佳应对，则称策略组(S，T)是一个纳什均衡。这不是从参与者的理性行为中推导出来的，这是一种均衡概念。均衡的观点就是，假设参与人选择的策略之间都是最佳应对，即具有相互一致性。在一组备选策略中，任何参与人都没有动机去换一种策略。所以，该系统处于一种均衡的状态中，没有什么力量将它推向不同的行为结果。

10.2.4　多重均衡：协调博弈

对于只有一个纳什均衡的博弈，比如上面提到的三客户博弈，预测每个参与人在均衡中将会采取的策略似乎是合理的。但是存在一些博弈，可以有一个以上的纳什均衡。在这种情况下很难预测博弈中理性参与人会有怎样的行为。这里考虑一些基本的例子。

一个简单的例子就是协调博弈。通过以下的案例来分析假设你和你的拍档共同为一个项目准备幻灯片简报，双方不能通过电话等方式联系。现在你要开始制作幻灯片，就必须决定通过 PPT 或苹果公司的 Keynote 软件来制作你负责的半份幻灯片。当然任何一种方式都可行，但是假设你们使用同样的软件来制作，就比较容易合并你们的幻灯片。

这就产生了一个博弈，你和你的拍档对应于两个参与人，选择 PPT 或 Keynote 构成两种策略。图 10-5 显示了这个博弈的可能收益组合。

你的拍档

	PPT	Keynote
PPT	1, 1	0, 0
Keynote	0, 0	1, 1

你

图 10-5　协调博弈的收益矩阵

这个博弈称为协调博弈，因为两个参与人的共同目标是在相同策略上的协调。协调博弈出现在很多情形中。举例来说，两家广泛合作的制造公司，需要决定用公制测量单位或英制测量单位改进他们的机器；同一军队的两支分队需要决定攻击敌军的左翼或右翼；两个尝试在拥挤的购物中心寻找对方的人，需要决定在北出口或南出口等待对方。这些情况下，每种选择都可以，但参与者的选择相同则更好。

协调博弈仍是值得讨论与研究的一个课题，托马斯·谢林提出一种聚点的想法来解决这个问题。他指出，博弈中会存在一些自然的原因（可能超出博弈的收益结构），即有关该博弈正式描述以外的因素，这些原因造成参与人集中在某个纳什均衡上，比如行车时，习俗会要求他们靠右行驶或者靠左行驶（英国等地）。换句话说，社会习俗尽管经常是任意的，但是对帮助人们协调多种均衡是很有用的。在这个博弈中，习俗就是该博弈的形式化描述以外的因素。

基本协调博弈的变式可以丰富已有的基本协调博弈结构，进而在多重均衡问题中产生大量的相关议题。比如，对前面的例子进行适当的延伸。假设相比 Keynote，你和你的拍档都更喜欢使用 PPT。你们追求的仍是保持协调，但是，现在你们所拥有的这两个可替代策略是不平等策略，从而得到一个不平衡协调博弈的收益矩阵，如图 10-6 所示。

你的拍档

	PPT	Keynote
PPT	2, 2	0, 0
Keynote	0, 0	1, 1

你

图 10-6　不平衡协调博弈的收益矩阵

应注意到，这里的(PPT,PPT)和(Keynote,Keynote)在该博弈中仍是两个纳什均衡，唯一不同的是，(PPT,PPT)均衡使两个参与人的收益增加。谢林的聚点理论表明，在预测参与人将会采取的行为时，可以选择博弈中内化的特征，而不是选择任意的社会习俗作为预测依据，也就是说，当参与人必须进行选择时，可以预测到参与人会精选策略，目的是在该均衡条件下使参与人的收益情况都更好。

假设你和你的拍档在较喜欢的软件方面不一致，则案例可能会更加复杂。图 10-7 显示了该背景下的收益矩阵。

你的拍档

		PPT	Keynote
你	PPT	1,2	0,0
	Keynote	0,0	1,2

图 10-7 性别战的收益矩阵

在这个背景下，两个均衡仍对应于两种有差异的协调情况。但在(Keynote，Keynote)均衡中，你的收益更大。在(PPT，PPT)均衡中，你的拍档的收益更大。该博弈类型，通常称为性别战，因为它具有下列案例的一般特征。假设丈夫和妻子想要一起看电影。他们必须在浪漫的喜剧片和动作片之间做选择，而且想要协调彼此的选择。但是（浪漫片，浪漫片）均衡给予他们中的一方较大收益，同时（动作片，动作片）均衡则使另一方有较大收益。在性别战中，很难预测具体哪种均衡将会被采纳。无论通过内部的收益结构或纯外部的社会公约都很难预测，然而，了解存在于参与人双方之间的约定和惯例是非常有用的。这可以解释当参与人彼此在协调中意愿不一致时，他们是如何解决分歧的。

多重纳什均衡也出现在其他一些基本的博弈类型中。在这种均衡中，参与人可以进行一种"反协调"活动。这类博弈的最基本形式就是鹰鸽博弈。

假设两种动物要决定一块食物在彼此之间如何分配。每种动物都可以选择争夺性行为（鹰派策略）或分享性行为（鸽派策略）。若两种动物都选择分享性行为，它们将会均匀地分配食物，各自的收益是3；若一方的行为表现为争夺性，另一方的行为表现为分享性，则争夺方会得到大多数食物，获得的收益是5，分享方只能得到较少的食物，收益为1，但是当两种动物都表现为争夺性行为时，它们得到的收益将为0，收益矩阵如图10-8所示，该图显示了这个博弈的可能收益组合。

动物 2

		鸽派策略	鹰派策略
动物 1	鸽派策略	3, 3	1, 5
	鹰派策略	5, 1	0, 0

图 10-8 鹰鸽博弈的收益矩阵

该博弈存在两个纳什均衡：（鸽派策略，鹰派策略）和（鹰派策略，鸽派策略）。在没有掌握有关动物的充分信息时，无法预测哪个均衡会形成。因此，正如之前在协调博弈中看到的那样，纳什均衡有助于缩小合理的预测范围，但它并不能提供唯一的预测。

鹰鸽博弈在很多情境中被研究。比如，用两个国家代替两种动物，进一步假设这两个国家将同时选择争夺型外交或分享型外交，每个国家都希望通过争夺型外交提高国际声望。但是，设两个国家都采取争夺型外交，最终可能导致彼此间发生战争，而战争对两个国家来说都是灾难性的。所以，在均衡状态下，可以预测一方将会表现出争夺性行为，另一方则表现出分享性行为。但是无法预测哪一方将会采取何种策略。要了解如何在两个国家间达到均衡状态，则需要了解更多的有关两个国家的信息。

10.3 混合策略

前两节讨论了博弈的复杂性源于多种均衡的博弈。然而，也有一些根本就不存在纳什均衡的博弈。对于这样的博弈，人们通过引入随机性来扩大参与人的策略集，进而对参与人的行为进行预测。在博弈的框架中，考虑到参与人策略选择的随机性，纳什的一个主要贡献就是指明博弈总会存在均衡。

10.3.1 硬币配对

硬币配对是这一类博弈的简单例子。两个参与人各持一枚硬币，同时选择显示彼此手中硬币的正反面：正面记为 H，反面记为 T。假设两枚硬币的朝向相同，参与人 2 将赢得参与人 1 的硬币。反之，参与人 1 将赢得参与人 2 的硬币。这就产生了图 10-9 所示的收益矩阵。

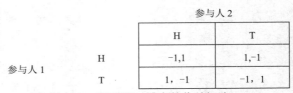

图 10-9　硬币配对博弈的收益矩阵

此类博弈称为零和博弈。参与人有直接利益冲突的博弈，都有这种结构。在硬币配对博弈中，首先应注意到，不存在一对策略彼此是最佳应对。

如果认为参与人仅有两个策略 H 和 T，则该博弈不存在纳什均衡。一对策略构成了一个纳什均衡，意味着两个参与人都没有动机改变自己的策略，而且对于对方策略也有充分的了解。但在硬币配对中，假如参与人 1 知道参与人 2 将选择特定的 H 或 T，则参与人 1 可以通过选择对方策略的对立策略来获得+1 收益。类似的推理也适用于参与人 2 的行为。

当从直觉上思考该类型的博弈如何在真实生活中演绎时，所看到的将是，参与人通常会试图迷惑对手，让对手难以预测他们将有什么行为。这种情形暗示着，在类似硬币配对的博弈模型中，不应只把策略当成简单的 H、T，还应注意到参与人在 H 和 T 选择中行为的随机性。下面来探讨如何将随机性引入这类博弈的模型中。

10.3.2 混合策略及收益

引入随机行为最简单的方式是，说明实际上每个参与人都不是直接选择 H 或 T，而是选择一个显示 H 的概率。所以，在该模型中，参与人 1 的策略对应实数 p，p 在 0～1 之间。给定的数字 p 是指参与人 1 以概率 p 选择 H，以概率 $1-p$ 选择 T。参与人 2 的策略对应实数 q，q 也在 0～1 之间，它代表参与人 2 选择 H 的概率。

鉴于一个博弈是由一组参与人、各自的策略集及对应的收益三要素构成的。注意到，通过放开随机化条件实际上已经改变了博弈类型，博弈依然有两个参与人，但每个参与人不再只有两个策略。他们的策略现在表示为概率区间[0,1]中的数，称它们为混合策略，因为它们涉及 H 和 T 的"混合"。应注意到，这组混合策略仍包括初始的两个选项 H 和 T，分别对应概率 1 或 0，称为这个博弈中的两个纯策略。

对于这个新的策略集合，也需要确定对应的收益，定义收益的微妙之处体现在此时的策略是随机量：每个参与人以一定的概率得到+1 收益，以剩余的概率得到-1 收益，当收益是具体数值时，如何评价收益好坏是十分明显的：数值越大则收益越好。现在收益是随机的，怎样评价它们不是立刻就能清楚的：需要一种原理性的方式来解释为什么一个随机的结果比另一个好。

为了考虑这个问题，从参与人 1 的角度开始思考硬币配对。首先，关注参与人怎样评估他的两个纯策略，即关注参与人 1 怎样评估绝对采取 H 或绝对采取 T。假设参与人 2 以概率 q 采取 H，以概率 $1-q$ 采取 T。此时，若参与人 1 选择纯策略 H，他将以概率 q 获得-1 收益（因为两个硬币配对的概率为 q，此时参与人 1 输了），而以概率 $1-q$ 获得+1 收益（因为两个硬币不匹配的概率为 $1-q$）。另一方面，如果参与人 1 选择纯策略 T，他将以概率 q 获得+1 收益，以概率 $1-q$ 获得-1 收益。所以，即使参与人 1 使用一个纯策略，他的收益仍是随机的，因为受到参与人 2 策略的随机性的影响。在这种情形下，怎样确定 H 或 T 对参与人 1 更有吸引力？

为了能对随机收益做数值性比较，首先对每个分布附上一个数值，表示该分布对参与人的吸引力。然后便可以根据这个数值来评估不同的分布。此处用收益的期望值作为这个数值。举例来说，假设参与人 1 选择纯策略 H，参与人 2 选择概率为 q 的策略，那么参与人 1 的收益期望是：$(-1)\times q+1\times(1-q)=1-2q$。

假如参与人 1 选择纯策略 T，参与人 2 选择概率为 q 的策略，则参与人 1 的收益期望是：$1\times q+(-1)\times(1-q)=2q-1$。

假设每个参与人都寻求基于混合策略的收益期望的最大化。虽然这个期望是个自然量，但也存在一个问题，即收益期望的最大化是否是参与人行为的合理假设。不过到目前为止，该假设依然是广为接受的，即参与人对收益的分布按照收益期望进行评价，那些收益分别代表着参与人在各个博弈结果上的满意程度。现在，通过已经定义的硬币配对博弈的混合策略类型：策略表现为采取 H 的概率，收益则为 4 个纯策略结果(H，H)、(H，T)、(T，H)和(T，T)的收益期望，可以探寻在这种策略比较丰富的博弈中，是否存在纳什均衡。

10.3.3　混合策略的均衡

混合策略是参与人以某种概率分布在两种或更多的可能行为中随机选择的一种策略。首先看到，在硬币配对博弈中的纯策略不可能是某个纳什均衡的一部分。这里的推理类似于本节开始处所讨论的情形，比如，假设参与人的纯策略 H（概率 $p=1$）是纳什均衡的一部分，则参与人 2 唯一的最佳应对只能是纯策略 H（因为每当他们的硬币匹配时，参与人 2 获得+1 收益）。但是，参与人 1 的策略 H 并不是参与人 2 的策略 H 的最佳应对。所以，实际上这里不存在纳什均衡。类似的推理也可应用于两个参与人之间的其他可能纯策略。为此可以得到一个很自然的结论：对于任一纳什均衡，两个参与人使用的策略都必须是介于 $0\sim1$ 的概率。

紧接着，考虑对于参与人 2 的策略 q，什么策略应是参与人 1 的最佳应对。根据先前的推理，参与人 1 此时采用纯策略 H 的收益期望是 $1-2q$；而采用纯策略 T 的收益期望是 $2q-1$。

这里有一个关键的认识：如果 $1-2q\neq2q-1$，则纯策略 H 和 T 之一就会是参与人 1 针对参与人 2 采取策略 q 的唯一最佳应对。这是因为，若 $1-2q$ 或 $2q-1$ 比较大，则参与人 1 在其收益较小的纯策略上安排任何概率都是毫无意义的。但是前面已经说明了，在硬币配对博弈中纯策略不会是任何纳什均衡的一部分，而且由于只要有 $1-2q\neq2q-1$ 就会导致纯策略是最佳应对，因此这两个期望不相等的概率也就不可能是纳什均衡的一部分。

于是可以得到如下结论，在硬币配对博弈的混合策略版本中，任何纳什均衡都必有 $1-2q=2q-1$，即 $q=1/2$。当从参与人 2 的角度来考虑问题，并从参与人 1 采取概率策略 p 来评估其收益时，分析计算过程和 q 的分析计算过程是一致的。由此总结出，在任一纳什均衡中，必定存在 $p=1/2$。

因此，$p=1/2$ 和 $q=1/2$ 这一对策略是纳什均衡存在的唯一可能。可以发现，这对策略实际上互为最佳应对。因此，这就是硬币配对博弈的混合策略版本中的唯一的纳什均衡。

10.3.4　混合策略：案例与分析

下面两个例子都来自现实中的体育领域，且都有攻防对抗的结构，第一个例子做了简化，主要表达了其中的基本特征，第二个例子展示了实证测试结果，对比人们在利害冲突很强的情况下的实际行为与按照混合策略均衡预测结果的关系。

1．持球–抛球博弈

首先考虑两个将要比赛的橄榄球队面临的一个问题（简化版）。进攻方可以选择持球前进或者抛球（传球）。防守方可以选择拦断持球或者防守抛球。下面给出收益情况。

如果防守方的行为对应了进攻方的行为，则进攻方的收益为 0；如果进攻方选择持球前进而防守方选择防守抛球，则进攻方的收益为 5；如果进攻方选择抛球，而防守方却选择拦断持球，则进攻方的收益是 10。我们得到图 10-10 所示的收益矩阵。

		防守方	
		防守抛球	拦断持球
进攻方	抛球	0, 0	10, −10
	持球前进	5, −5	0, 0

图 10-10　持球−抛球博弈的收益矩阵

如同硬币配对的情形，容易看出这个博弈不存在纯策略的纳什均衡：比赛双方都需要通过策略选择的随机化来使对方不可预测自己的行为。因此，尝试找出这个博弈的混合策略均衡：设 p 是进攻方选择抛球的概率，q 为防守方选择防守抛球的概率。采用前述"无差异"原理，即混合策略均衡中一个参与方所采用的概率是使对方在他的两个策略中无差异。假设防守方以概率 q 选择防守抛球，那么进攻方从抛球策略获得的收益期望是：$0×q+10×(1-q)=10-10q$。

同时，进攻方选择持球前进策略的收益期望是：$5×q+0×(1-q)=5q$。

为了使进攻方的两个策略无差异，需要使 $10-10q=5q$，由此求得 $q=2/3$。

同理，假设进攻方按概率 p 选择抛球策略，则防守方通过防守抛球策略获得的收益期望是：$0×p+(-5)(1-p)=5p-5$。防守方通过拦断持球策略获得的收益期望是：$(-10)×p+0×(1-p)=-10p$；为了使防守方的两个策略无差异，需使 $5p-5=-10p$，求得 $p=1/3$。

这样，在混合策略均衡中唯一可能出现的概率是进攻方的 $p=1/3$ 和防守方的 $q=2/3$。它们实际上就构成了一个均衡，在这样的概率下，进攻方的收益期望为 10/3，防守方的收益期望为−10/3。

2．罚点球博弈

再看一个足球中的罚点球双人博弈模型。

在 2002 年，帕兰西奥（Palncios）从博弈论的角度，进行了一项有关罚点球的大范围研究。据他观察，罚点球能相当真实地突显双人双策略博弈的要素。射球员可冲着球门的左侧或右侧进球，守门员则可以扑向左侧或右侧以阻挡进球。由于球的速度很快，射球员和守门员几乎要同时进行策略选择，基于这些决策，球有可能进，也有可能被守门员扑住。的确，这个博弈和硬币配对博弈在结构上是非常像的：如果守门员扑向来球的方向，则他有很大机会阻止进球；如果守门员扑出的方向与来球的方向相反，则球进门得分的机会就大。

通过对大约 1400 次专业足球比赛中罚点球数据的分析，帕兰西奥得到了 4 种情况下进球的实证概率，这 4 种情况就对应射球员的两个策略与守门员的两个策略的组合，收益矩阵如图 10-11 所示。

	守门员	
	L	R
L	0.58, −0.58	0.95, −0.95
R	0.93, −0.93	0.70, −0.70

射球员

图 10-11　罚点球博弈的收益矩阵

与基本的硬币配对博弈相比，有几点值得注意：首先，即使守门员扑出的方向是来球的方向，射球员仍有较大的得分机会（尽管守门员的正确选择会大大降低射球方进球的可能性）；其次，射球员一般用右脚踢球，因此向左或向右罚球得分的机会也不完全相等。

尽管有这些不同之处，但硬币配对博弈的基本前提依然存在：没有纯策略均衡。因此需要考虑参与方应该怎样在博弈中随机化他们的行为选择。如同前面的例子，根据无差异原理，若 q 是守门员选择 L 的概率，其值必须使射球员的收益期望在两个策略上是无差异的，即 $0.58{\times}q+0.95{\times}(1-q)=0.93{\times}q+0.70{\times}(1-q)$，可得 $q=0.42$。类似地，可以求得使守门员在两个策略间无差异的概率 $p=0.39$。

该研究的精彩之处是，根据真实的罚点球数据统计得到的结果是守门员扑向左侧的概率为 0.42（与预测结果在小数点后两位一致），而射球员向左侧踢球的概率为 0.40（与预测结果相差不到 0.01）。这表明双人博弈的理论预测结果得到了专业足球实际数据的支持。

10.4　博弈的解与社会福利

10.4.1　发现所有的纳什均衡

现在考虑如何在双人双策略博弈中发现所有纳什均衡的一般性问题。

首先应该意识到博弈中可能会同时具有纯策略均衡和混合策略均衡。于是，需要检查 4 种纯结果（由纯策略对给出的），看它们是否有形成纳什均衡的情形：

如果两个人都有严格占优策略，则可以预计他们均会采取严格占优策略；

如果只有一个人有严格占优策略，则这个人会采取严格占优策略，而另一个人会采取此策略的最佳应对（一定会有！）；

如果都不存在严格占优策略，则寻找纳什均衡：存在一个纳什均衡，则该均衡对应合理结果；

存在多个纳什均衡（需要额外信息辅助推断），则均衡有助于缩小考虑范围，但不保证预测是有效的。

接着为了检查是否存在混合策略均衡，需要找到互为最佳应对的混合概率 p 和 q。如果存在一个混合策略均衡，就可以基于参与人 1 随机化的要求来确定参与人 2 的策略（q）。只有当参与人 1 的两个纯策略收益期望相等时其策略选择才会随机化。这种收益期望相等的认识就给出一个方程，从中可以解出 q。对应地，可以得到第二个方程，从中可解出参与人 2 的策略（p）。如果所得到的数值 p 和 q 都介于 0 到 1 之间，则它们就是混合策略的解，这就求得一个混合策略纳什均衡。

到目前为止，有关混合策略均衡的例子都限于攻防博弈的结构，没有看到一个既有纯策略均衡也有混合策略均衡的博弈。不过，找到这样的博弈并不难。特别是具有两个纯策略均衡的协调博弈和鹰鸽博弈，都有第三个混合策略均衡，其中两个参与人的行为是随机的。下面作为一个例子，考虑前述的不平衡协调博弈。

设使用 PPT 来制作幻灯片的概率 p 严格介于 0 和 1 之间，你的拍档用 PPT 的概率为 q，也介于 0 和 1 之间。若下面的等式成立，你在使用 PPT 和 Keynote 上的收益将是无差异的：$2×q+0×(1-q)=0×q+1×(1-q)$，即 $q=1/3$，类似地，从你的拍档的角度看情况是对称的，因而得到 $p=2/3$。这样，由这个已有的纯策略均衡，我们又得到一个均衡，其中两个参与人都以概率 $1/3$ 选择使用 PPT，注意，与两个纯策略均衡不同，这个均衡意味着两个参与人有正的不协调概率，但这仍然是一个均衡，因为假设你真相信你的拍档会以 $1/3$ 的概率选择使用 PPT，以 $2/3$ 的概率选择使用 Keynote，那么你的两个策略实际上就是无差异的，无论你如何选择，都将得到相同的收益期望。

10.4.2　帕累托最优与社会最优

在一个纳什均衡中，参与人的策略互为最佳应对。换句话说，每个参与人在给定其他参与人策略的条件下都实现了个体最优。但是，将所有参与人作为一个群体来看，这并不意味着你和你的拍档达到了群体最优的结果。本章开篇讨论的"考试–报告"博弈，以及囚徒困境博弈等，就属于这种情形。对博弈进行分类，不仅可以按照策略选择或者均衡的性质划分，还可以按照它们是否对社会有利划分，为此，需要有一种方式来说明这类概念的准确含义，下面讨论两个有用的定义。

第一个定义是帕累托最优，以意大利经济学家维尔弗雷多·帕累托的名字命名，他在 19 世纪晚期至 20 世纪早期从事了相关工作。

"一组策略选择"指的是每个参与人从一个策略集中选择了一个策略，若不存在其他策略选择使所有参与人得到至少和目前一样大的收益，且至少有一个参与人会得到严格较大的收益，那么，一组策略选择被称为帕累托最优。

为了体会帕累托最优的意义，考虑某个非帕累托最优的策略组，即存在另一组策略选择使得至少一个参与人的收益增加，而且其他参与人的收益不会受损，从合理的意义上讲，后者就比前者更优。如果所有参与人能够在集体行动上达成协议，并使这种协议具有约束力，则他们一定倾向于选择这个更优的策略组。

这里的关键是，参与人之间能够构建一个具有约束力的协议来采取这个更优的策略组。如果这个策略组不是一个纳什均衡，也不存在这样一个具有约束力的协议，则至少会有一个参与人想要切换到另一个不同的策略。考虑"考试-报告"博弈的结果，若两个参与人都选择为考试复习，这个策略组就不是帕累托最优，因为假如你和你的拍档都为报告做准备，你们两个都会得到更大的收益。这就是该例子的难点，现在通过帕累托最优的思想得以表述。它表明，即使两个参与人都认识到存在一个更优的策略选择，但是假设参与人之间缺乏具有约束力的协议，则这种方案也是没法维持的。

一个较强但表述更简单的条件是社会最优：一组策略选择若使参与人的收益之和最大，则称为社会福利最大化（或社会最优）。在"考试-报告"博弈中，当两个参与人都准备报告，则收益总和达到社会最优，即 90+90=180。当然这个定义只适用于将不同参与人的收益求和是有意义的场合。毕竟，我们并不是总说得清楚一个人的满意程度与大家的满意程度之和的关系。

社会最优的结果也一定是帕累托最优的结果。否则，若一个社会最优结果不是帕累托最优的，则会存在一个不同的结果，每个参与人从中得到的收益至少一样大，而且至少有一个参与人的收益更大，因而这个结果就会有较大的总收益，与开始那个结果号称社会最优矛盾。

最后我们不难想到，并不是在每个博弈中纳什均衡和社会最优都是不一致的。比如，回顾"考试-报告"博弈，假设保持其他因素不变，只是让考试更容易些，例如若参与人复习考试，则将得到 100 分，否则也可得到 96 分，则形成了新的收益矩阵，如图 10-12 所示。此时，准备报告成为严格占优策略。所以，完全可以预测到参与人彼此都将从该策略选择中获益。依据图 10-12 所示的收益矩阵可知，图中唯一的纳什均衡也是唯一的社会最优。

你的拍档

		报告	考试
	报告	98, 98	94, 96
你	考试	96, 94	92, 92

图 10-12　"考试-报告"博弈示例

10.5　习题

1. 在二人博弈中，假设 A 有一个占优策略 S_A，则存在一个纯策略的纳什均衡，其中参与人 A 采取策略 S_A，参与人 B 采用对 S_A 的一个最佳应对策略 S_B。这个陈述是否正确，并对你的答案进行简要的说明（1~3 句话）。

2. 在二人博弈的纳什均衡中，每个参与人都选择了一个最优策略，所以两个参与人的策略是社会最优的。这个陈述是否正确？假设你认为是正确的，请给出简要说明（1~3 句话）。假设你认为不正确，请举出一个本章讨论过的博弈例子来说明它是错误的（你不需要写出有关博弈的具体细节，仅提供你认为能清楚表达你的意思的内容），并附上简要解释（1~3 句话）。

3．在下面的博弈中找出所有的纯策略纳什均衡。在图 10-13 所示的收益矩阵中，每行对应于参与人 A 的策略，每列对应参与人 B 的策略。每个单元格的第一个数代表参与人 A 的收益，第二个数代表参与人 B 的收益。

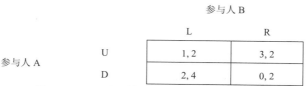

图 10-13　习题 3 的二人博弈的收益矩阵

4．思考图 10-14 所示的收益矩阵中描述的二人博弈中的参与人、策略及收益。

图 10-14　习题 4 的二人博弈的收益矩阵

（a）每个参与人都会有一个占优策略吗？请简要解释（1～3 句话）。

（b）找出该博弈中所有的纯策略纳什均衡。

5．思考图 10-15 所示的二人博弈。此处，每个参与人都有三个策略。找出该博弈的所有纯策略纳什均衡。

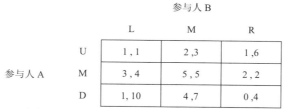

图 10-15　习题 5 的二人博弈的收益矩阵

6．考虑多个二人博弈问题。在下面每个收益矩阵中，行都代表参与人 A 的策略，列都代表参与人 B 的策略。每个单元格的第一个数代表参与人 A 的收益，第二个数代表参与人 B 的收益。

（a）从图 10-16 所示的收益矩阵中，找出该博弈中的所有纯（非随机性）策略的纳什均衡。

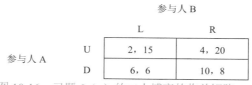

图 10-16　习题 6（a）的二人博弈的收益矩阵

（b）从图 10-17 所示的收益矩阵中，找出该博弈中的所有纯（非随机性）策略的纳什均衡。

图 10-17　习题 6（b）的二人博弈的收益矩阵

（c）从图 10-18 所示的收益矩阵中，找出博弈中所有的纳什均衡。

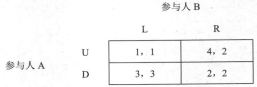

图 10-18　习题 6（c）的二人博弈的收益矩阵

7．考虑两个二人博弈问题。在下面的收益矩阵中，行都代表参与人 A 的策略，列都代表参与人 B 的策略。每个单元格的第一个数代表参与人 A 的收益，第二个数代表参与人 B 的收益。

（a）试找出图 10-19 所示的收益矩阵代表的博弈的所有纳什均衡。

图 10-19　习题 7（a）的二人博弈的收益矩阵

（b）试找出图 10-20 所示的收益矩阵代表的博弈的所有纳什均衡。（包括解释）

参与人 B

		L	R
	U	5, 6	0, 10
参与人 A	D	4, 4	2, 2

图 10-20　习题 7（b）的二人博弈的收益矩阵

8．本章讨论了占优策略，假设参与人有一个占优策略，则他会采取该策略。与占优策略相对的是非优策略。称一个策略是非优的，可以有多种不同的含义。在这个习题中，我们关注弱非优的概念。一个策略 S_i^* 是弱非优的，若参与人 i 有另外一个策略 S_i'，则具有如下性质：

（1）无论其他参与人如何决策，参与人 i 从策略 S_i' 获得的收益至少和策略 S_i^* 一样大；

（2）存在其他参与人的某策略，参与人 i 从策略 S_i' 获得的收益严格大于 S_i^* 的收益。

（a）参与人采取一个弱非优策略似乎可能性不大。但是，那样的策略可能出现在纳什均衡中。找出图 10-21 所示的博弈的所有纳什均衡。其中有弱非优策略组成的纳什均衡吗？

参与人 B

参与人 A		L	R
	U	1, 1	1, 1
	D	0, 0	2, 1

图 10-21　习题 8 的二人博弈的收益矩阵

（b）在回答上面问题的过程中，你也许发现了一种推理弱非优策略的方法，即要考虑下面的序贯博弈。假设参与人的行为实际上是依次进行的，但后者不知道前者的选择。现在参与人 A 首先行动，若他选择 U，则参与人 B 的选择无所谓，等效于博弈已经结束，无论参与人 B 选择什么，收益都是（1,1）。若参与人 A 选择策略 D，则参与人 B 的行为变得重要了，若他选择策略 L，则收益是（0,0），若选择策略 R，则收益是（2,1）。注意，由于参与人 B 没有观察到 A 的动作，针对该收益矩阵的并发博弈就等价于这个序贯博弈。在这个博弈中，你怎样预测参与人的行为呢？请解释你的推理过程。（参与人是不能改变博弈的。他们的行为选择只类似上面的给定条件。你可以从收益矩阵或者博弈背后的故事进行推理。假设你用故事来推理，则要记得参与人 B 在博弈结束前是观察不到参与人 A 的行为的。）

9．对图 10-22 和图 10-23 所示的两个二人博弈，试发现其中的所有纳什均衡。

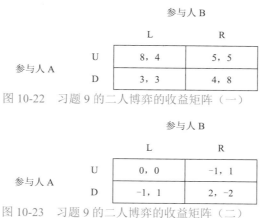

参与人 B

参与人 A		L	R
	U	8, 4	5, 5
	D	3, 3	4, 8

图 10-22　习题 9 的二人博弈的收益矩阵（一）

参与人 B

参与人 A		L	R
	U	0, 0	-1, 1
	D	-1, 1	2, -2

图 10-23　习题 9 的二人博弈的收益矩阵（二）

10．图 10-24 所示的收益矩阵中，行代表参与人 A 的策略，列代表参与人 B 的策略。每个单元格的第一个数代表参与人 A 的收益，第二个数代表参与人 B 的收益。

参与人 B

参与人 A		L	R
	U	3, 3	1, 2
	D	2, 1	3, 0

图 10-24　习题 10 的二人博弈的收益矩阵

（a）找出该博弈的所有纯策略纳什均衡。

（b）注意到上面的收益矩阵中，策略组（U，L）中参与人 A 的收益是 3。你能用一个非负数改变这组策略代表的参与人 A 的收益，并使其结果中没有纳什均衡吗？请简要解释（1~3 句）。注意，在这个问题中，你只能改变参与人在策略组（U，L）中的收益情况。特别要注意的是，剩下的博弈结构没有改变，即参与人、参与人策略及对应的收益都是没有改变的，参与人 B 从策略组（U，L）中获得的收益不会改变。即只有参与人 A 在策略组（U，L）中获得的收益改变。

（c）先返回（a）部分的初始收益矩阵，参与人 A 和 B 在策略组（U，L）中的收益都是 3。你可以用一个非负数改变这组策略代表的参与人 A 的收益，并使其结果中没有纳什均衡吗？请简要解释（1~3 句）。还应注意到，你只能改变参与人 B 在策略组（U，L）中的收益情况。特别要注意，剩下的博弈结构是没有改变的。即参与人、参与人策略及对应的收益都是没有改变的，参与人 A 从策略组（U，L）中获得的收益不会改变，即只有参与人 B 在策略组（U，L）中的收益改变。

11．本章讨论了占优策略，并指出若一个参与人有占优策略，预期他会采取这个策略。与占优策略相对的是非优策略。称一个策略是非优的可以有多种不同的含义。在这个习题中关注严格占优与非优的概念，这样定义严格非优策略：一个策略 S_i^* 是严格非优的，若参与人 i 有另外一个策略 S_i'，其收益严格大于 S_i^* 的收益（无论其他参与人采取什么策略）。

预期参与人不会使用一个严格非优策略，这个认识可以帮助我们发现纳什均衡。下面是这种想法的一个例子。在图 10-25 所示收益矩阵对应的博弈中，M 是一个严格非优策略（被策略 R 严格占优），因此参与人 B 将不会采用 M。

参与人 B

参与人 A		L	M	R
	U	2，4	2，1	3，2
	D	1，2	3，3	2，4

图 10-25　习题 11 的二人博弈的收益矩阵

因此，在分析这个博弈的时候，我们可以删除 M 策略，简化后的二人博弈的收益矩阵如图 10-26 所示。

参与人 B

参与人 A		L	R
	U	2，4	3，2
	D	1，2	2，4

图 10-26　习题 11 的二人博弈的收益矩阵（去掉了其中的 M 策略）

此时，参与人 A 有一个占优策略（U），容易看到这个 2×2 博弈的纳什均衡是（U，L）。你可以检验（U，L），它也是初始博弈的纳什均衡。当然，利用这种方法要求严格非优策略不用在纳什均衡中。考虑至少有一个纯策略纳什均衡的二人博弈。解释为什么用于纳什均衡的策略不会是严格非优策略。

12. 两家完全一样的公司，称它们为"公司 1"和"公司 2"，要同时且独立地决定是否进入一个新的市场，并且如果进入的话，要生产什么产品（有 A 或者 B 可选择）。如果两家公司都进入，且都生产 A，它们各自要损失 1000 万美元。如果都进入，且都生产 B，它们分别会获得 500 万美元的利润。如果两家公司都进入，但一家生产 A，另一家生产 B，则分别赚 1000 万美元。不进入市场的话，则利润为 0。最后，如果一个进入，另一个不进入，生产 A 的话就赚 1500 万美元，生产 B 的话就赚 3000 万美元。你是公司 1 的经理，要为你的公司选择一个策略。

（a）将这种情形建模成一个博弈，包括两个玩家（1 和 2）和三种策略（生产 A，生产 B，不进入）。

（b）你的一个员工说应该进入市场（尽管他不肯定该生产什么产品），因为无论公司 2 怎么做，进入市场并生产 B 总比不进入强。试评估这种观点。

（c）另一个员工同意刚才那位员工的观点，并且说由于策略 A 会导致损失（若另一家公司也生产 A 的话），你应该进入市场且生产 B。如果两家公司都如此推理，都进入市场且生产 B，这个博弈会形成纳什均衡吗？请解释。

（d）找到这个博弈的所有纯策略纳什均衡。

（e）你公司的另一个员工建议合并这两家公司，共同决定最大化利润的策略。不考虑有关法规是否允许这种合并，你认为这是一个好主意吗？请解释。

习题讲解第 10 章

第 11 章

网络流量及拍卖的博弈论模型

11.1 网络流量的博弈论模型

从讨论博弈论时所列的例子中可以发现，不论是在一个交通运输网络中行驶还是通过互联网传送数据包，都会涉及博弈论推理：每个人都需要根据自己或他人的选路决策评估多条路线并做出最终选择，而不是随便挑选一条路线。在本章中，我们将利用博弈论的思想构建网络流量模型。这个过程展现了一个非常意外的结果：增加网络容量有时反而会减慢网络流通的速度。

11.1.1 均衡的流量

首先构建一个运输网络的模型，观察它如何应对网络拥塞。在此基础上，进一步引入博弈论的思想来讨论有关问题。

用有向图表示一个运输网络：边表示高速公路，节点表示进入或离开高速公路的出入口，假设有两个特别的节点 A 和 B，每个人都要从 A 开车到 B，我们要分析上下班高峰期的车辆行驶情况。据当前的车流量，每条边都有一个特定的行驶时间。

为使这个问题更为具体化，如图 11-1 所示，在每条边上都标记出当有 x 辆车行驶时的行驶时间（以分钟计算）。举个例子，AD 和 CB 边并不受交通状况的影响：无论有多少辆车行驶在其中，都需要 45 分钟穿越。相比之下，AC 和 DB 边受拥堵的影响较大：当有 x 辆车行驶在同一条路线时，穿越该路线所需要的时间为 $x/100$ 分钟。

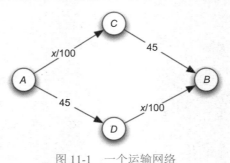

图 11-1　一个运输网络

现在假设有 4000 辆车希望在早晨上班时能从节点 A 行驶到节点 B。每一辆车有两种可能的路线：通过 C 的路线或者通过 D 的路线。假设每辆车都选择通过 C 的路线，那么每辆车所需要的总时间为 85 分钟，即 4000/100+45。如果每辆车都选择通过 D 的路线，结果也一样。然而，如果所有的车被均分到两条路线上，每条路线承载 2000 辆车，那么两条路线上每辆车所需要的时间为 2000/100+45=65。

以上所描述的流量模型其实是一场博弈，参与者是司机，每个参与者可能的策略是由 A 到 B 的可能路线。这个例子中每个参与者只有两个策略；而在更大的网络中，每个参与者可选择的策略有很多个，每个参与者得到的收益就是他/她行驶时间的负数（之所以使用负数是因为较多的行驶时间意味着收益更差）。

这很自然地与前面构建的框架相吻合。有一点需要注意：第 10 章只关注两个参与者的博弈，而这个交通流量模型中涉及很多人（以上例子中有 4000 人），但这并不影响前面理论的应用。一个博弈中可以有任意数量的参与者，其中每个参与者又可有任意数量的策略，每个参与者得到的收益取决于所有参与者所选择的策略。一个纳什均衡是一组策略组合，每个参与者选择其中的一个策略，并且每个选择都是基于其他决策的最佳应对。占优策略、混合策略及纳什均衡这些定义都与仅有两个参与者的博弈类似。

在这个流量博弈中，通常没有占优策略。举例来讲，在图 11-1 中每条路线都有可能成为参与者最好的选择，前提是其他参与者会选择另一条路线。这个博弈存在纳什均衡，如果参与者能均等地选择两条路线（每条路线 2000 辆车），都能够形成纳什均衡，并且这是形成纳什均衡的唯一条件。

为什么车辆在两条路线上等分会产生一个纳什均衡，并且为什么所有的纳什均衡都有这种等分的特性？要回答第一个问题，我们观察到当在两条路线上等分车辆时，没有参与者会想要换到另外一条路线。而第二个问题，考虑一组策略，其中 x 辆车使用上面的路线，剩余的 $4000-x$ 辆车使用下面的路线。如果不等于 2000，两条路线就会有不同的行驶时间，那么在较慢路线上行驶的参与者都会想要换到更快的路线上去。因此，任何 $x \neq 2000$ 的策略组合都不能形成纳什均衡，而任何 $x=2000$ 的策略组合都形成一个纳什均衡。

11.1.2　布雷斯悖论

图 11-1 所示的运输网络，运作得很好，如果对网络做一个小改变，就会形成一个有悖常理的状态。对网络做如下改变：假设市政府计划从 C 到 D 新建一条超级高速公路，如图 11-2 所示，它的行驶时间为 0，不管有多少辆车在此路线上都一样，尽管由此产生的效果有别于实际情况（但影响应该很少）。按常理推测，C 到 D 的路建成后，A 到 B 的运行时间会减少很多。

实际结果令人吃惊：在这个新的运输网络中存在一个唯一的纳什均衡，但是它导致大家花费更多的行驶时间。均衡状态下，每个参与者都使用从 C 到 D 的路线，结果每个参与者需要行驶的时间为 4000/100+0+4000/100=80。进一步分析为什么这是一个均衡，注意到此时没有参与者能从改变路线中受益，有了从 C 到 D 的路线后，其他任何一条路线都需花费 85 分钟。

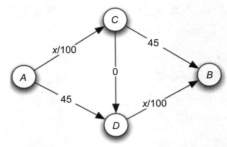

图 11-2　图 11-1 中增加一条从 C 到 D 路线的运输网络

那么为什么说这是唯一的均衡?可以看到，从 C 到 D 路线的建立事实上使此路线成为所有参与者的占优策略：不管当前的流量模式是什么，换到从 C 到 D 的路线都会受益。

换句话说，一旦由 C 到 D 的高速公路建成，该路线就像一个漩涡，将所有参与者都吸引至此，所有参与者的行为都是自我利益占优，就无法使网络恢复到一个对大家都更好的等分状态。这种现象，即一个运输网络增加新的资源有时反而使均衡状态中的收益受损，最早在 1968 年由布雷斯提出，随后被称为布雷斯悖论，就像很多有悖常理的现象，它们的出现是基于实际生活中各种条件的某种特别组合。在实际的运输网络中这种现象也曾经被观察到。韩国首尔市曾拆毁一条有 6 条行车道的高速公路而改建成一个公园，实际上反而减少了出入该城市的交通时间（尽管交通量跟改建之前大致相似）。

了解到布雷斯悖论的影响方式，值得注意的是，它本身并没有自相矛盾。在很多设置环境中，给一个博弈增加一个新策略会使情况变得更糟。比如，第 10 章提到的囚徒困境可用来解释这个观点：假如对每个囚徒来说，他们唯一的策略是"不认罪"（一个非常简单的博弈），那么对双方来说其结果要好于加入"认罪"这个选择（这就是为什么警方会首先提供"认罪"这个选择）。

然而直观上，基于布雷斯悖论的类似现象又似乎是自相矛盾的。这便引出一个朴素的观念，认为升级一个网络一定是一件好事情，所以当结果变糟时，人们会感到惊讶。

此部分列出的例子实际上只是利用博弈论分析网络流量的一个起始点。比如，可以分析布雷斯悖论对网络的负面影响有多大：增加一条边后平衡状态下的行驶时间增加了多少?假设允许任意形式的网络，其中车辆在每条边上的行驶时间与该边上行驶的汽车数量呈线性关系，即穿越每边所需用的时间用 $ax+b$ 表示，其中 a 和 b 是 0 或正数。有研究表明，如果对一个流量均衡的网络添加边，那么在这个新的网络中总会有一个均衡——它的行驶时间最大不超过原来的 4/3。假如把图 11-1 中的两个行驶时间由 45 替换为 40，则 4/3 正好是从图 11-1 到图 11-2 增加的时间因子（这种情况下，如果增加 C 到 D 的边，平衡状态下的行驶时间就会从 60 变成 80。

还有更多的问题可以继续探讨。比如，在设计网络时可以思考如何避免形成不好的均衡，或者通过在网络中某些部分安排收费来避免形成不好的均衡。比如平时车辆比较少，只有 1000 辆，这时候图 11-2 所示的网络的车辆行驶时间为 1000/100+0+1000/100=20，这是一个均衡，而当车辆比较多的时候（4000 辆），就进行交通管制：CD 路段禁行，这样就可以避免形成不好的均衡。

或者收费也可能是一种不错的机制，比如 CD 路段收费 20 元，假设人们认为花 1 元钱省 1 分钟的时间是值得的，相当于 CD 段要走 20 分钟，那么在均衡状态下走 ACB，ACDB 和 ADB 路线的分别有多少人？各自花多长时间？读者可以自己去算一算。

11.2　拍卖

11.1 节中通过分析一个网络的流量模式，讨论了博弈论思想的一个扩展应用。这一节将讨论博弈论的第二个主要应用——分析拍卖中买家和卖家的行为。

拍卖已经通过网络，如 eBay，成为许多人日常生活中的一种经济行为。事实上，拍卖已经有很长的历史且涉及领域广泛。例如，美国政府通过拍卖出售国库券和木材，进行石油租赁；佳士得（Christie）和苏富比（Sotheby）通过拍卖出售艺术品；莫雷尔公司和芝加哥葡萄酒公司通过拍卖出售葡萄酒。

11.2.1　拍卖的类型

本节将讨论一个卖家向一群买家拍卖一件商品的拍卖活动。当然也存在另一种情景：一个买家试图购买一件商品，因此发起一个由多个卖家参加的拍卖活动，每一个卖家都可以提供一件商品。这种采购式拍卖经常由政府发起，实现某种购买。不过这里主要讨论由卖家发起的拍卖活动。

很多拍卖活动都要比我们这里分析的要复杂得多，随后的章节将会针对有众多商品被拍卖，且买家对这些商品的估价各不相同的情况进行分析。其他一些更为复杂的拍卖类型，如按时间顺序出售商品的拍卖等超出了本书的讨论范围，就不再赘述。

构建拍卖模型的一个基本假设是每个竞拍者对被拍卖的商品都有一个固有的估值。如果商品出售价不高于这个估值，竞拍者会接受并购买，否则不会购买。通常认为这个固有的估值是竞拍者对该商品的真实估值。单件商品出售，主要有 4 种拍卖类型（以及这些类型的变体）：

（1）增价拍卖：增价拍卖又称英式拍卖，这种拍卖是实时互动的，竞拍者或身在现场或通过电子设备实时参加，卖家逐渐提高售价，竞拍者不断退出，直到只剩下一位买家为止。这个买家以最终价格赢得商品。由竞拍者口头叫价，或用电子设备提交价格都属于增价拍卖的方式。

（2）降价拍卖：降价拍卖又称荷兰式拍卖。这也是一种实时互动拍卖形式，卖家从最高价起逐步降价直到第一个竞拍者接受并支付当前价格。这种拍卖被称为荷兰式拍卖，是因为在荷兰，鲜花一直以这种方式拍卖。

（3）首价密封报价拍卖：这种拍卖中，竞拍者同时向卖家提交密封报价。这个术语源于这种拍卖的原始形式，价格密封在信封里提交给卖家，卖家同时打开这些报价。出价最高者以其出价赢得商品。

（4）次价密封报价拍卖：次价密封报价拍卖也称为维克瑞拍卖。竞拍者同时向卖家提交密封报价；出价最高者赢得商品，但以第二高出价购买该商品。之所以称为维克瑞拍卖是为了纪念威康姆·维克瑞（William Vickrey），他是第一位利用博弈论分析拍卖活动的学者。维克瑞在这一方面的研究成果使他在 1996 年赢得了诺贝尔经济学奖。

通常当卖家很难估算买家对其物品的真实估值时就会使用拍卖，当然买家之间也不了解彼此的估值。在这种情况下，用一些主流的方式可以从买家探出这些估值。由此可以发现，定价权的问题对拍卖活动非常重要，特别是当卖家在一个拍卖之前就具备可靠的定价权时。

1．降价拍卖

首先来看降价拍卖。当卖家从最初的高价逐步降低价格时，除非有竞拍者（买家）愿意接受并支付当前价格，否则大家都不会有什么行动。当拍卖进行时，买家除了知道还没有人接受当前价格，并不了解其他任何信息。每一个竞拍者 i 都会有一个愿意接受商品的价格 b。这样看，降价拍卖与首价密封报价拍卖是等同的：这个价格 b 的作用与竞拍者的竞拍价相同，出价最高的竞拍者获得商品，所支付的价格也是这个最高的竞拍价。

2．增价拍卖

现在来看增价拍卖。随着卖家逐步提高价格，竞拍者相继退出。拍卖的赢家就是留到最后的竞拍者，他所支付的价格是倒数第二个竞拍者退出时的价格。

假如你是这场拍卖的一个竞拍者，思考你应该坚持多久才退出。首先，当价格增长到你的真实估值时，还有必要继续在拍卖中坚持吗?显然没有必要，如果继续坚持，要么会失掉机会什么也得不到，要么赢得商品但是要支付高于自身估值的价格。其次，当价格还未增长到你的真实估值时应该退出吗?当然不应该，如果你提前退出将会一无所获，可坚持下来，你可能会以低于真实估值的价格赢得商品。

从概念上说，很容易想到在增价拍卖结束时会同时发生的三件事：①倒数第二个竞拍者退出；②留到最后的竞拍者知道只剩下自己一人，因此拒绝接受更高的价格；③卖家以当前的价格将商品卖给最后剩下的竞拍者。当然，在实际操作中，我们期望每次价格增量足够小，最后剩下的竞拍人实际上以较小的增量胜出。跟踪这个较小的增量会使相应的分析更加烦琐，因此我们假设在出价次高的竞拍者退出时，拍卖过程结束。

所以应该坚持到你的真实估值为止，假设每个竞拍者的退出价格就是他对该商品的竞拍价，那么就可以说这个竞拍价就是竞拍者对该商品的真实估值。

基于这种定义，增价拍卖的结果可以从另一个角度确定。竞拍价最高的人会坚持得最久，因而会赢得商品，他付出的价格是倒数第二个竞拍者退出时的价格。换句话说，他支付的是第二高的竞标价，因此出价最高的竞拍者获得商品所支付的价格等同于第二高的竞拍价，这就是次价密封报价拍卖所使用的规则，区别就在于在增价拍卖中买卖双方有实时互动，而密封报价拍卖则是每个买家提交密封报价，卖家拿到并同时打开以确定胜者。两种拍卖的密切关系能够帮助我们理解次价密封报价拍卖中反直觉的定价规则：它可以被视为一个利用密封报价形式的增价拍卖。此外，在增价拍卖中竞拍者会一直坚持，直到当前价格增加到其真实估值。这一点为我们以下的讨论结果提供了很直观的支持：利用博弈论思想构建次价密封报价拍卖模型，我们会发现以真实估值出价是一个占优策略。

11.2.2 拍卖中的博弈与占优策略

在接下来分析两种主要的密封报价拍卖形式之前，首先需要说明两点：第一，基于前面的讨论，当分析密封报价拍卖中竞拍者的行为时，竞拍者也在学习与他们相似的拍卖行为，即降价拍卖与首价密封报价拍卖类似，增价拍卖与次价密封报价拍卖类似。第二，表面上看首价密封报价拍卖和次价密封报价拍卖相比，似乎卖家采用首价密封报价拍卖形式会获得更高的收入：毕竟他将获得最高的而不是次高的竞拍价。在次价密封报价拍卖中，卖家似乎有意少收竞拍者的钱，这看起来很奇怪。这种推理实际上忽视了从博弈论中得到的一个主要信息——当你设定支配人们行为的规则时，必须承认人们会在这些规则中调整他们的行为。这里的关键是首价密封报价拍卖中的竞拍者出价往往要低于次价密封报价拍卖中竞拍者的出价，事实上这个降低的部分可以理解成两种拍卖中获胜竞拍价之间差异的补偿。

拍卖理论中最重要的成果之一就是 11.2.1 节提到的：在次价密封报价拍卖中，竞拍者提交密封的竞拍价，按照真实估值报价是一个占优策略，即对于竞拍者来说，最好的选择是竞拍价恰好是他认为商品的价值。

为了证明上述观点的正确性，使用博弈论的术语，如参与者、策略及收益等来定义拍卖活动。竞拍者为参与者，设 v_i 为竞拍者 i 对商品的真实估值，竞拍者的策略是以量值 b_i 为竞拍价，在一个次价密封报价拍卖中，竞拍者的收益定义如下：

如果 b_i 不是中拍价，则 i 的收益为 0。假如 b_i 是中拍价，并且 b_j 为第二高的竞拍价，则收益为 $v_i - b_j$。

为了完善这个定义，需要处理出现平手的情况：如果两个人提交了相同的竞拍价并且是并列最高的，应该如何处理？一种处理方法是预先对竞拍者进行排序，如果一组竞拍者提交了相同的最高竞拍价，那么排位最靠前的竞拍者获胜。上述收益的计算方法对这种情况仍然适用。（注意，这种并列情况下，获胜者以自己的竞拍价获得商品，因为此时第一出价和第二出价相同。）

关于次价密封报价拍卖断言的精确表述如下：在次价密封报价拍卖中，每个竞拍者 i 的占优策略是选择竞拍价 $b_i=v_i$。

要证明这个断言，需要展示当竞拍者 i 出价为 $b_i=v_i$ 时，无论其他人采用什么策略，他都不会因改变出价而改善他的收益。根据所有人的出价，有两种可能：

第一，竞拍者获得了交易权。此时，有正的收益（支付次价），提高报价不会改善收益；降低报价，若不低于第二个人的，也不会改善收益，若低于第二个人的，则失去了交易权，收益变成 0（减少了）。

第二，竞拍者没有获得交易权。此时，竞拍者的收益为 0，降低报价不会改变现状；提高报价，若不高于第一个人的，也不会改善收益，若高于第一个人的，竞拍者就会赢得交易权，但要支付原来第一个人的报价（高于竞拍者的估值），于是收益为负（减少了）。

现在就完成了次价密封报价拍卖中真实出价是占优策略的论证。真实出价是占优策略这一事实使得次价密封报价拍卖在概念上非常清楚。因为真实出价是占优策略，无论别人做什么，这都是竞拍者的最佳选择，因此在拍卖中，即使其他人出价过高或过低，甚至串通一气或有些不可预测的表现，以真实估值出价就是最合理的行为。

而首价密封报价拍卖的情况要复杂得多，特别是每个竞拍者必须推测其他竞拍者的行为以便做出最佳出价。出价不仅关系到竞拍者是否会获胜，还会影响获胜者所支付的价格。因此，前面做出的大部分推理需要重新考虑，首价密封报价拍卖中最好的出价方式是稍微降低出价，这样如果获胜就会得到一个正值收益，具体降低多少取决于对出价和真实估值之间的权衡。如果出价离真实估值太接近，则获胜后的收益也不会太大。但如果出价低于真实估值较多，希望获胜时能得到较大的收益，则又减少了成为最高出价的机会，也就是在拍卖中获胜的机会。

在这两个因素之间寻找一个最佳点是一个复杂的问题，这取决于对其他竞拍者及可能的价值分布的了解。举例来讲，有许多竞拍者的拍卖和只有几个竞拍者的拍卖（设竞拍者的其他属性相同）相比，我们觉得竞拍者的出价应该更高一些，更接近真实估值。

11.3 习题

1. 有 1000 辆车需要从 A 城行驶到 B 城。每辆车有两条选择路线：上边经过 C 城的路线、下面经过 D 城的路线。设 x 为行驶在 A-C 路段上的车辆数，y 为行驶在 D-B 路段上的车辆数。如图 11-3 所示，若有 x 辆车在 A-C 路段上行驶，每辆车的行驶时间为 $x/100$；同样，若有 y 辆车在 D-B 路段上行驶，每辆车的行驶时间为 $y/100$。每辆车在 C-B 路段和 A-D 路段上的行驶时间为 12，与车辆数无关。每个司机都想选择一条行驶时间最短的路线，并且所有司机都是同步选择。

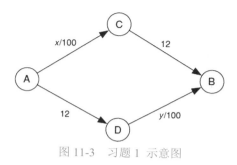

图 11-3 习题 1 示意图

（a）试求 x 和 y 的纳什均衡值。

（b）政府修建了一条从 C 城到 D 城的新路（单向）。这条新路为网络增添了路线 A→C→D→B。从 C 城到 D 城的新路无论有多少辆车行驶，行驶时间均为 0。寻找这个新网络的一个纳什均衡。与该均衡对应的 x 和 y 值各是多少？增加这条新路对总行驶时间（1000 辆车的总行驶时间）有什么影响？

（c）假设 C-B 路段和 A-D 路段的路况经过改善，每条边的行驶时间减至 5。（b）中提到的由 C 城到 D 城的新路仍然存在。寻找此时的一个纳什均衡，均衡中 x 和 y 的值各是多少？总行驶时间为多少？如果政府关闭从 C 城到 D 城的道路，总行驶时间又有什么变化？

2. 设从 A 城到 B 城有两条路线，现在有 80 个人要从 A 城出发驱车去 B 城。

路线一：从 A 城开始先经过一条高速公路；这条高速公路无论有多少辆车，行驶时间均为 1 小时，然后通过一条能到达 B 城的普通道路。这条通往 B 城的普通道路的行驶时间为 10 加上行驶在该条道路上的车辆数，以分钟计算。

路线二：从 A 城出发先经过一条普通道路，行驶时间为 10 加上行驶在该条道路上的车辆数，同样以分钟计算，该条普通道路连接着一条直接通往 B 城的高速公路，在高速公路上的行驶时间与车辆数无关，总是 1 小时。

（a）画出上述网络，在每条边上标出所需的行驶时间，设 x 为选择路线一的人数。设所有道路均为单向行驶的，则该网络应该是一个有向图。

（b）所有车辆同时选择路线，试求 x 的纳什均衡值。

（c）假设政府修建了一条双向的新路，将两个高速公路和普通道路的转换点连接起来。这条新路相当于增加了两条从 A 城到 B 城的路线。一条路线是从 A 出发进入普通道路（在路线二上），再进入新修的道路和通向 B 城的普通道路（在路线一上）。另一条路线是从 A 城出发进入高速公路（在路线一上），然后进入新修的道路及通往 B 城的高速公路（在路线二上）。新路非常短，其行驶时间可以忽略不计。寻找新的纳什均衡。（提示：存在一种均衡，其中没有人选择以上描述的第二条路线。）

（d）新道路的出现对总行驶时间有什么影响？

（e）假如你可以为车辆指派路线，实际上可以使总行驶时间比新路建成前减少。也就是说，通过路线安排，可以减少所有车辆的总行驶时间［低于（b）中纳什均衡对应的值］。有很多安排方法可以达到这个目标，试给出其中的一个，并解释它如何减少了行驶时间。［提示：记住新路可以双向行驶。你不需要找到能使行驶时间最短的分配方案，能对（b）的结果有改进即可。一种方法可以从（b）中的纳什均衡开始，将一些车辆分配到不同的路线上以减少总行驶时间。］

3．300 辆车要从 A 城行驶到 B 城。每辆车有两条路线可以选择：通过上边 C 城的路线和通过下边 D 城的路线。x 为行驶在 A-C 路段上的车辆数，y 为行驶在 D-B 路段上的车辆数。如图 11-4 所示，每辆车在上边路线的行驶时间为$(x/100)+3.1$，在下边路线的行驶时间为 $3.1+(y/100)$。每个司机都想选择一条行驶时间最短的路线。司机都同时做出选择。

（a）试求 x 和 y 的均衡值。

（b）政府修建了一条从 A 城到 B 城的新路（单向）。新路的行驶时间为 5，与道路上的车辆数无关。绘制出这个新的网络，并在每条边上标出所需的行驶时间。鉴于所有道路皆为单向行驶的，因此绘制的这个网络是一个有向图。试求该网络的一个纳什均衡。新道路建成后，对总行驶时间（300 辆车的总行驶时间）有什么影响？

（c）政府关闭了直接连接 A 城和 B 城的路，修建了一条连接 C 城和 D 城的单向道路。这条新路非常短，无论有多少辆车行驶，行驶时间均为 0。绘制出这个新网络，并在每条边上标出所需要的行驶时间。同样，绘制的这个网络应该是一个有向图。试求该网络的一个纳什均衡。新道路建成后，对总行驶时间有什么影响？

（d）政府对（c）的结果并不满意，决定重新开放直接连接 A 城和 B 城的道路［在（b）中建成并在（c）中被关闭的道路］。在（c）中建成的连接 C 城和 D 城的道路仍然开放。A-B 路段的行驶时间仍为 5，与行驶车辆数无关。绘制出这个新网络，并在每条边上标出所需要的行驶时间。同样，绘制的这个网络应该是一个有向图。试求该网络的一个纳什均衡。重新开放 A 城到 B 城的道路后，对总行驶时间有什么影响？

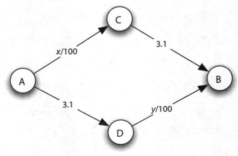

图 11-4　习题 3 示意图

4．设从 A 城到 B 城有两条路线，记为路线 1 和路线 2。所有的道路均单向通行。100 辆车从 A 城向 B 城行驶。路线 1 要通过 C 城连接 A 城和 B 城。这条路线由一条连接 A 城和 C 城的道路开始，每辆车在这条路上的行驶成本为 $0.5+x/200$，x 为这条路上行驶的车辆数。路线 1 结束于一条由 C 城到 D 城的高速路，无论行驶车辆有多少，该高速路的行驶成本均为 1。路线 2 通过 D 城连接 A 城和 B 城。这条路线起始于一条连接 A 城和 D 城的高速路，其行驶成本为 1，与行驶车辆无关。路线 2 结束于一条连接 D 城和 B 城的道路，行驶成本为 $0.5+y/200$，y 是这条道路上行驶的车辆数。这里的行驶成本可以理解为车辆行驶花费的时间和汽油成本。目前在这些道路上没有设立收费站，因此政府没有收入。

（a）绘制以上描述的网络，并在每条边上标记出所需的行驶成本。所有的道路均单向通行，故此网络为有向图。

（b）所有车辆同时选择路线。试求 x 和 y 的纳什均衡值。

（c）政府修建了一条从 C 城到 D 城的道路（单向）。新的道路非常短，行驶成本为 0。寻找一个该网络的纳什均衡。

（d）新的道路对总的行驶成本有什么影响？

（e）政府对（c）的结果不满意，希望加强由 A 城到 C 城路段的收费，同时对由 A 城到 D 城路段的高速路费用给予补贴。对于 A 城到 C 城的路段，每辆车收费 0.125，意味着这条路线的成本增加了 0.125。同时对行驶在 A 城到 D 城路段上的车辆进行等值的补贴，每辆从 A 城到 D 城的车辆补贴 0.125。寻找一个纳什均衡。（要理解补贴是如何实施的，可以想象一些负收费站，该系统中所有收费站均为电子收费，正如纽约州正在尝试的 E-Z Pass 系统。这样补贴就是减少高速路使用者所欠的总数）。

（f）正如在（e）中观察到的，收费和补贴的设计使得存在一个均衡——其中政府收取的费用等同于补贴需要的费用。所以政府在此项政策上收支平衡。那么（c）和（e）的总行驶成本有什么关系？你能解释原因吗？你是否能设计一个从 C 城到 B 城路段和从 D 城到 B 城路段的收费和补贴政策，同样使政府达到收支平衡，并使最终的总行驶成本更低或更高？

5. 考虑一个拍卖，一个卖家希望卖出一个单位的商品，一组竞拍者都对这个商品有兴趣。卖家采用次价密封报价拍卖。你的公司也参加竞拍，但是不确定有多少竞拍者会参与其中。除了你的公司，可能还会有两三个竞拍者。所有竞拍者都对商品有独立私密的估值。你的公司对商品的估值是 c。你公司应提交什么样的出价，这个出价与参加竞拍的人数有什么关系？对你的答案做出简要解释。

6. 假设有两个竞拍者，对商品分别有独立私密的估值 v_i，v_i 可能是 1 或者 3。对每个竞拍者，估值为 1 或 3 的概率都是 1/2（如果在最高出价 x 上出现平局，那么随机选择一个为赢家，支付价格为 x）。

（a）论证卖家的期望收入是 6/4。

（b）假设有三个竞拍者，对商品分别有独立私密的估值 v_i，v_i 可能是 1 或者 3。对每个竞拍者，估值是 1 或 3 的概率都是 1/2。这种情况下，卖家的期望收入是多少？

（c）简单解释为什么改变竞拍者数量会影响卖家的期望收入。

7. 假设所有竞拍者对商品都有独立私密的估值 v_i，v_i 是 0 或者 1，取每个值的概率都是 1/2。

（a）假设有两个竞拍者，那么他们的估值(v_1, v_2)有四个可能的组合：（0，0），（1，0），（0，1）及（1，1）。每一个组合出现的概率是 1/4。试论证卖家的期望收入是 1/4。（如果在最高出价 x 上出现平局，那么随机选出一个赢家）

（b）如果有三个竞拍者，卖家的期望收入是多少？

（c）这就启发我们有下述猜想：随着竞拍者数量的增加，卖家的期望收入也会增加。在我们考虑的这个例子中，随着竞拍者数量增加，卖家的期望收入实际上会收敛于 1。解释为什么会发生这种情况。不用严格证明，只要提供一个直观的解释就可以。

8. 一个卖家采用次价密封报价拍卖出售商品。有两个竞拍者 a 和 b，都对商品有独立私密的估值 v_i，v_i 非 0 即 1，其中 $v_i=0$ 和 $v_i=1$ 的概率都是 1/2。两个竞拍者都理解拍卖规则，但是竞拍者 b 有时会犯一些错误。一半时间，他的估值是 1，并且他也认为是 1；另一半时间，他的估值是 0，但有时他会错误地认为其估值是 1。假设当 b 的估值是 0 时，有 1/2 的概率他会误认为是 1。因此，竞拍者 b 认为估值是 0 的概率是 1/4，认为估值是 1 的概率是 3/4。竞拍者 a 对自己的估值从不犯错，但是他很明白 b 犯的错误。两个竞拍者都根据自己对商品的估值进行最优出价。如果在最高价 x 上出现平局，那么随机选择一个赢家，并且支付价格为 x。

（a）对竞拍者 a 来说，真实出价还是占优策略吗？简单解释原因。

（b）卖家的期望收入是多少？简单解释原因。

9. 考虑一个次价密封报价拍卖，卖家有一个单位的商品要出售，并对其估值为 s，有两个买家 1 和 2，对商品的估值为 v_1 和 v_2。其中 s、v_1 和 v_2 都是独立私密的值。假设两个买家都知道卖家会提交密封价 s，但不知道 s 的确切值。对买家来说，真实出价是最优选择吗？即他们是否应该以真实估值出价？对你的答案做出解释。

10. 本题将考虑次价密封报价拍卖中买家间的共谋影响。一个卖家采用次价密封报价拍卖出售商品。竞拍者对商品都有独立私密的估值，均匀分布在区间[0,1]。如果竞拍者以估值 v 获得商品，支付价格为 p，他的收益是 $v-p$；如果竞拍者没有获得商品，其收益是 0。我们将考虑两个竞拍者知道彼此的估值并产生共谋的可能性。竞拍者串通的目的是要选择相应的出价使他们的收益之和达到最大。竞拍者可以提交任何在区间[0,1]的出价。

（a）首先考虑只有两个竞拍者的情况。竞拍者应提交什么价格?请解释。

（b）假设有第三个竞拍者，他没有和另两个竞拍者串通。第三个竞拍者的出现会改变另两个合谋者的最优出价吗？请解释。

11. 一个卖家宣称将以次价密封报价拍卖出售一箱珍贵葡萄酒。一组个体 I 计划参加竞拍。每个竞拍者对葡萄酒感兴趣是出于自己的消费需求；它们对葡萄酒的估值可能不同，但他们不打算再次出售。因此，可以认为他们对葡萄酒有独立私密的估值。你是竞拍者的一员；具体地，你是竞拍者 j，你的估价是 v_j。在以下场景中，你应该如何出价？每一种情况下，对你的答案做出解释；不需要正式地论证。

（a）你知道一些竞拍者会串通，这些人会选择一个竞拍者提交一个真实出价 v，而其他人都会提交 0 出价。你不是共谋的一员，也不能和其他竞拍者串通。

（b）你和所有其他竞拍者刚刚得知这个卖家将收集出价，但不会遵循次价拍卖的规定卖出红酒。相反，收集到所有出价后，卖家告诉大家，有个竞拍者（虚构的）实际上提交了最高价格，并赢得了拍卖。这个竞拍者当然不存在，所以在拍卖后，卖家仍然持有红酒。卖家计划单独联系实际最高出价者，并告知他虚构的最高出价者弃权，竞拍者可以以拍卖中提交的价格买到红酒。你不能与任何竞拍者串通（你不需要推导一个最优出价策略。只需解释你的出价是否应与你的估值不同，如果不同，差别是什么）。

12. 一个卖家以次价密封报价拍卖出售一件商品。假设有三个竞拍者，各有独立私密的估值 v_1, v_2 和 v_3，都均匀分布在区间[0,1]。

（a）假设开始所有的竞拍者都很理性；他们都提交最优出价。哪个竞拍者（以价值标记）将会赢得拍卖？获胜者需要支付多少（同样以竞拍者的估值表示）？

（b）假设竞拍者 3 非理性地以高于真实估值的价格出价。具体来说，设他的出价是 $(v_3+1)/2$。所有其他竞拍者都知道竞拍者 3 这种不理性的做法，尽管他们并不知道竞拍者 3 对商品的真实估值是多少，这会如何影响其他竞拍者的行为？

（c）竞拍者 3 的非理性行为对竞拍者 1 的期望收入会造成什么影响？这个期望值是相对于 v_2 和 v_3 而言的，竞拍者 1 本身并不清楚。你不需要提供一个完整解答或论证，给出一个直观解释就可以。（记住，假如竞拍者赢得拍卖，其收入是竞拍者对商品估值减去支付的价格；如果输掉拍卖，则收入为 0。）

13. 本题将考虑一个卖家应从次价密封报价拍卖中获得的期望收入。假设有两个竞拍者，各有独立私密的估值 v_j，v_j 是 1 或者 2。对每个竞拍者，$v_j=1$ 及 $v_j=2$ 的概率各是 1/2。如果在最高价 x 上出现平局，则随机选择一个赢家，支付价格为 x。假设对卖家来说，商品的估价是 0。

（a）论证卖家的期望收入是 5/4。

（b）假设卖家设定一个底价 R，满足 $1<R<2$；如果有人出价不低于 R，商品会卖给最高出价者，竞拍者支付的价格为第二高的出价和 R 中的最大值。如果出价没有达到 R，商品不会被卖出，卖家的收入为 0。假设所有竞拍者都知道底价 R。作为 R 的函数，卖家的期望收入是什么？

（c）基于前面的内容，论证如果卖家想要他的期望收入达到最大，就不应该将底价 R 设置为大于 1 且小于 1.5 的数。

习题讲解第 11 章

第 12 章

匹配市场

12.1 二部图与完美匹配

市场是体现多个代理在网络结构下互动的基本范例。当我们想到，市场为买家和卖家之间的互动创造了机会，其中就隐含着一个网络，体现买家和卖家接触的条件。事实上，有不少运用网络来为市场参与者之间的互动建模的方式。

匹配市场在经济学、运筹学和其他一些领域都有很长的研究史，并遵循几个基本原则：人们可能对不同商品有不同的喜好；价格可以使商品的分配分散化；这些价格事实上可以产生最优的社会分配。

下面通过逐步丰富的模型来介绍这些要素。假设商品可以按人们的喜好分配，而这些喜好以网络化的形式表达，但是没有明确的买入、卖出或价格设定。这个假设对于接下来更复杂的模型是一个关键。

1. 二部图

从二部图匹配问题开始，考虑下面的场景。假设大学宿舍管理员要为每个新学年返校的学生分配房间：每个房间一个学生，而学校要求每个学生都列出自己能够接受的房间清单。学生们对房间可以有不同的喜好，如更大、更安静或采光更好等。这样，如果有许多学生，他们的清单就会以复杂的方式重合，可以用一个图来表示学生们的清单。每个学生用一个节点代表，每个房间也用一个节点代表，如果学生愿意接受某个房间，就有一条线把该学生和房间连起来，图 12-1 代表了 5 个学生和 5 个房间的例子（其中名叫 Vikram 的学生愿意接受 1、2、3 号房间，名叫 Wendy 的学生只接受 1 号房间）。这种图称为二部图，具有一种很重要的性质，即顶点 V 可分割为两个互不相交的子集 (A,B)，并且图中的每条边 (i, j) 所关联的两个顶点 i 和 j 分别属于这两个不同的顶点集。图 12-1 所示就是一个二部图，两组不同的节点分成平行的两列，每条边的两个端点分属于不同的列。

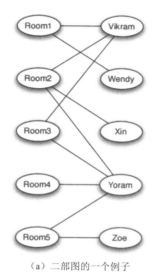
（a）二部图的一个例子

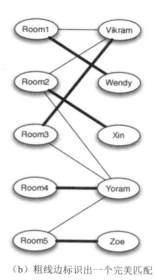
（b）粗线边标识出一个完美匹配

图 12-1　二部图

2. 完美匹配

给每个学生分配一间他们愿意接受的房间，这个任务可以很自然地通过图 12-1 来解释，由于有边连接表明学生愿意接受这个房间，我们想要为每个学生分配一个房间，因此要将每个学生安排到一个与他有边相连的房间。图 12-1（b）中粗线边显示出每个学生分配到的房间。

当二部图的两边有数目相同的节点时，一个完美匹配就是左右节点的配对满足以下条件：①每个节点都有边连接到另外一列的节点；②不会出现左边两个节点同时连到右边同一个节点上的情况。图 12-1（b）中的粗线边标识出一个完美匹配。也可以从边的角度来考量完美匹配，即一个完美匹配就是二部图中的一组边，图中的每个节点恰好是一条边的端点。

3. 受限组

为说明二部图中有一个完美匹配，指出有关边的集合就足够了。但如果一个二部图没有完美匹配呢？如何断言一个二部图中不存在任何完美匹配？

乍看上去这并不明显，人们很自然想到一种方法，即把所有可能性都试一遍，最后表明可能配对成功。但事实上在图 12-2 中，Vikram、Wendy 和 Xin 三个人一共只提供了两个可被接受的选项，即三个人只有两个接受的房间，因此不能形成一个完美匹配——他们之一必然要被分到一个不接受的房间。

将这三个学生形成的节点组称为受限组，原因是连接他们的二部图另一组节点的边限制了完美匹配的形成。这个例子反映了一个普遍的现象，可以通过对受限组的定义来加以明确。首先取二部图右边任何一组节点 S，将左边通过边与其相连的节点称为 S 的邻居，用 $N(S)$ 表示所有 S 邻居的集合。最后如果 S 比 $N(S)$ 的数量大，也就是说，S 比 $N(S)$ 包含更多的节点，那么右边的 S 就受限制。任何时候，一个二部图中出现一个受限集合 S，即表示不可能有完美匹配。

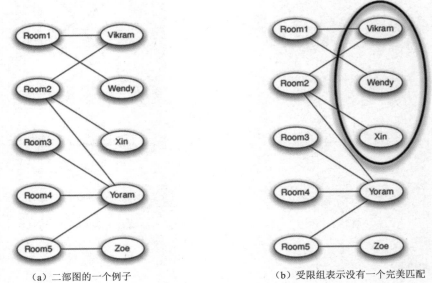

（a）二部图的一个例子　　　　　　　（b）受限组表示没有一个完美匹配

图 12-2　没有完美匹配的二部图

很容易看到受限组阻碍了完美匹配的形成，但事实上受限组也是完美匹配的唯一阻碍。这就是被称为匹配定理的要点：如果一个两边节点数相等的二部图无法形成完美匹配，那么它一定包含一个受限组。

匹配定理由 Denes Konig 和 Philip Hall 于 1931 年和 1935 年分别独立发现，如果没有这一定理，人们可能认为一幅无法形成完美匹配的二部图会有多种原因，有些甚至复杂得难以解释；但这一理论以简洁的方式说明了受限组事实上是完美匹配的唯一阻碍。读者只需了解匹配定理的含义，不必深究其如何证明。

现在运用学生和宿舍的例子来思考匹配定理，当学生提交了他们可接受的房间清单后，宿舍管理员很容易向学生解释安排的结果。他或者可以宣布一个完美匹配，每个学生得到自己喜爱的房间，或者他可以指出一组学生提供的选择范围太小，从而无法分配，这样一组学生就是受限组。

12.2　估值与最优分配

前面所讲的二部图匹配问题说明了简单市场中的一个方面：个体以可接受的选项方式表达他们对某些对象的偏好，一个完美匹配体现了满足他们偏好的对象的分配方案。如果不存在完美匹配，则是因为系统中包含受限组。

下面来更加深入地讨论二部图匹配问题。首先，允许每个人在表达偏好时不是用二元方式来表示接受或不接受，而是以一个数值来表示他们对每个对象的喜爱程度，图 12-3（a）

所示是三个学生和三个房间的例子，例如 Xin 对于 1、2、3 号房间的估值分别为 12、2 和 4（而 Yoram 对 1、2、3 号房间的估值分别为 8、7 和 6）。注意，学生们对于每个房间的评价可能存在差别。

在一组个体对一组对象进行估值时，可以定义一个量来评估将那些对象分配给不同个体的方案的优劣，比如以每个人分配到的对象的估值总和来进行衡量。这样图 12-3（b）展示出的分配结果的估值总和为 12+6+5=23。

（a）一组估值（每个学生对每个房间的估值显示在他们名字的右边）　　　　　　　　（b）根据估值做出的最优分配

图 12-3　估值与最优分配

如果宿舍管理员知道每个学生对每个房间的估值，那么一个合理的分配方案就是估值总和尽可能高的分配方案，我们称之为最优分配，因为这种方法使得每个人的满意程度总体达到最高。可以看到，图 12-3 所示的方案是一个最优分配方案。当然，虽然最优分配提高了总的满意程度，但它并不能保证每个人都得到最想要的房间。

具体来说，寻求最优分配的问题有时会对应二部图匹配的问题，可以看到二部图匹配问题是最优分配问题的一个特例。在 12.1 节中谈到的学生和房间数目相等，每个学生提交一份可接受的房间清单，而不提供估值，这样便形成一个如图 12-4（a）所示的二部图，目的是想知道其是否具有完美匹配。这个问题也可以用估值和最优分配的观点来表达，对于学生接受的每个房间将其估值定为 1，而对没看上的房间的估值定为 0，将这个原则应用于图 12-4（a），就得到图 12-4（b）。

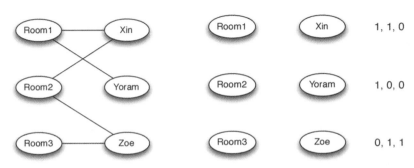

（a）欲从中寻找完美匹配的二部图　　　　　　　　（b）为每个节点设置相应的估值

图 12-4　二部图匹配问题是最优分配的一个特例

现在，一旦能给那个学生提供他认为是 1 而不是 0 的房间就产生了一个完美匹配，其中最优分配的质量（估值）和学生数一致。这个简单的例子说明了二部图匹配问题如何隐含在最优分配问题之中。

虽然最优分配的含义自然且具有一般性，但找到一个最优分配的方法却并不容易。接下来在更广泛的市场中来讨论获得一个最优分配的方法。

12.3 价格与市场清仓性质

12.3.1 价格与回报

为了更好地解释这个问题，稍微改变上述学生与宿舍匹配的例子。假设有一组卖家，每人都有一套房子要出售；同时有相等数量的买家，每人都需要买一套房子。与前面的情形类似，每个买家对每套房子都有自己的估值，不同买家对同一套房子可有不同的估值。买家 j 对卖家 i 所持有房子的估值用 V_{ij} 来表示。同时假设每个估值都是正整数，假设卖家对每套房子的估值均为 0。

假设卖家 i 以 P_i 的价格出售自己的房子，$P_i \geqslant 0$，如果买家 j 从卖家 i 处以该价格买到此房子，就说买家的回报就是她对该房子的估值减去她需要付的钱 $V_{ij}-P_i$。如果有一组价格，而买家想要最大化其回报，会选择从使 $V_{ij}-P_i$ 达到最大值的那个卖家 i 处购买，需要注意以下几点。首先，如果多个卖家都给出同样的最大值，则买家可以选择任何一个卖家。其次，如果她的回报 $V_{ij}-P_i$ 对每个卖家 i 都是负值，那么买家将不买任何房子，假设不做交易的回报是 0。把能为买家 j 提供最大化回报的一个或多个卖家称为买家 j 的"偏好卖家"，前提是这些卖家提供的回报不是负数。如果 $V_{ij}-P_i$ 是负数，就说买家 j 没有任何"偏好卖家"。图 12-5（a）展示了买家估值，图 12-5（b）～（d）展示了对于相同的买家估值的 3 组不同价格。注意对于每位买家，他们偏好卖家的组合如何根据价格变化而变动，例如在图 12-5（b）中买家 x 如果从 a 买入得到的回报是 12-5=7，如果从 b 买入得到的回报是 4-2=2，如果从 c 买入，得到的汇报是 2-0=2，这就是为什么 a 是她唯一的偏好卖家。同样地，可以得出买家 y 和 z 与卖家 a、b 和 c 分别交易的回报，即(3、5、6)和(2、3、2)。

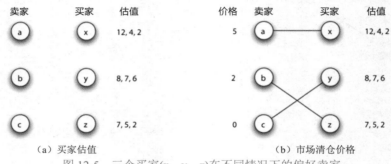

（a）买家估值　　　　　　　　　　　　（b）市场清仓价格

图 12-5　三个买家(x、y、z)在不同情况下的偏好卖家

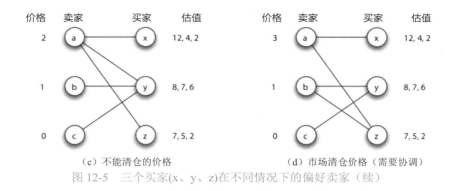

(c) 不能清仓的价格　　　　　　　　(d) 市场清仓价格（需要协调）

图 12-5　三个买家(x、y、z)在不同情况下的偏好卖家（续）

12.3.2　市场清仓价格

图 12-5（b）很好地表现了一种性质，如果每个买家都直接指出最喜欢的房子，那么每个买家最后都会得到一套房子，价格似乎完美解决了对于房子购买的矛盾。尽管这是在三个买家都对卖家 a 的房子评价最高的情况下发生的，是高至 5 的价格使得买家 y 和 z 不再寻求购买这套房子。

将这样一组价格称为市场清仓价格，因为它们使每套房子都有了不同的买家，相对而言，图 12-5（c）则显示了一组不能实现市场清仓的价格，因为买家 x 和 z 都想要卖家 a 的房子，这样当每个买家都寻求能够最大化他们回报的房子时，购房矛盾并没有解决（注意，由于给出的回报相等，对于买家 y 来说，a、b 和 c 都是她的偏好卖家，但这无助于解决 x 和 z 之间的矛盾）。

图 12-5（d）显示了市场清仓价格这一概念的另一微妙之处，即如果买家们互相协调，每人都选择一个适当的偏好卖家，这样每个买家都得到一套房子（这要求买家 y 购买卖家 c 的房子，而买家 z 购买卖家 b 的房子），由于用偏好卖家可以消除矛盾，我们说这组价格也是市场清仓价格，虽然在满足最大回报的多个卖家之中选一的问题上需要一些协调。对于一组价格来说，只在每个买家和他的偏好卖家之间连上一条边来定义一个偏好卖家图，所以图 12-5（b）～（d）就是针对每组价格形成的偏好卖家图。现在可以直接给出结论：如果一组价格形成的偏好卖家图有完美匹配，那么它就是一组市场清仓价格。

12.3.3　市场清仓价格的属性

在某种程度上，如果卖家把价格设定合适了，那么在人们追逐自我利益的过程中（同时可能需要一些协调），所有买家都不会阻碍别的买家而分别购买到不同的房子，可以看到这样的价格可以在一个很小的例子中实现，事实上在更一般的情形下也是这样的，即对于任何买家估值的组合，总存在一组市场清仓价格。

所以市场清仓价格并不是某个个案中偶然出现的结果，它们总是存在的。接下来会讨论如何构造市场清仓价格，在这个过程中会证明它们的存在性。

先来考虑另外一个很自然的问题：市场清仓价格和社会福利之间的关系。虽然市场清仓价格能让所有买家解决他们之间的矛盾而获得不同的房子，这是否意味着最后得出的分配是好的?其实，这里也有个很显然的事实：市场清仓价格（对于这种买卖匹配问题）总是产生最优社会结果：对于任何一组市场清仓价格，偏好卖家图中的一个完美匹配使估值总和在所有买家与卖家的配对中达到最高。和以上关于市场清仓价格存在的结论相比，这一关于最优性的事实可以更加简单地予以论证。

论证如下，考虑一组市场清仓价格，让 M 表示偏好卖家图中的一个完美匹配。现在来考虑这个匹配的回报总和，简单地定义为每个买家得到回报的总数，由于每个买家都会拿到能最大化自己回报的房子，那么不论房子如何分配，M 都有最大的回报总和。现在希望的是 M 能最大化估值总和，那么回报总和如何与估值总和联系起来呢?如果买家 j 选择房子 i，那么他的回报是 $V_{ij}-P_i$。这样，所有买家的回报总和就是估值总和减去价格总和：M 的回报总和=M 的估值总和-价格总和。但是，价格总和不取决于选择哪种匹配（仅仅是卖家对每套房子的要价，不论买家能否接受这一价格）。因此，能够最大化回报总和的匹配 M 也就是能最大化估值总和的匹配。论证完毕。

思考市场清仓价格的最优性还有另外一个重要的方式，它和刚刚描述过的方式一样重要，假设不考虑匹配产生的估值总和，而是考虑市场上所有参与者得到的回报总和，包括卖家和买家。对于买家来说，回报即对房子的估值减去付出的价钱。一个卖家的回报就是他通过出售房子所得到的报酬。因此，在任何匹配中，所有卖家的回报总和便等同于价格总和（和哪个买家付给哪个卖家无关）。上面论证了所有买家的回报是匹配 M 中估值总和减去价格总和，因此所有参与者（包括买家和卖家）的回报总和，和匹配 M 的估值总和完全一致，关键是从买家回报总和里减去的价格和它们对于卖家回报做出的贡献完全一致，于是价格总和在这个计算中抵消了，因此为使所有参与者总回报达到最大值，需要一组价格和一个能够使价值总和最大化的匹配，而这是通过市场清仓价格和它所形成的偏好卖家图中的完美匹配实现的。所以一组市场清仓价格及其对应的偏好卖家图中的完美匹配，能产生买家和卖家回报总和的最大可能值。

12.3.4　构造一组清仓价格

现在来看一个更复杂的问题：为什么市场清仓价格总是存在的。这里选取任意一组买家的估值，通过描述达成市场清仓价格的过程来回答。这个过程有点像拍卖，并且许多买家对它们有不同的估值，这一拍卖过程由经济学家 Demange、Gale 和 Sotomayor 在 1986 年描述，但它其实和匈牙利数学家 Egerváry 于 1916 年发现的市场清仓价格的构造过程是等同的。

下面描述这个拍卖过程。起初所有卖家都把价格设置为 0，买家通过选择他们的偏好卖家做出反应，然后来看结果——偏好卖家图。如果此图存在完美匹配，问题就解决了；否

则即有一部分买家 S 受限。假设其邻居卖家集合是 $N(S)$，也就是说 S 中买家只想要 $N(S)$，但 $N(S)$ 中的卖家比 S 中的买家少。因此 $N(S)$ 中的卖家很抢手，有很多买家关注他们。他们的反应便是把价格提高一个单位，然后继续拍卖。下面是这个过程的一般性描述：

（1）每轮开始时，会有一组既定价格，最小值等于 0；

（2）构造偏好卖家图，检查是否有完美匹配；

（3）如果有，过程结束，目前的价格即为市场清仓价格；

（4）如果没有，我们找到一组受限买家 S 和他们的邻居 $N(S)$；

（5）$N(S)$ 中的每个卖家同时把价格提高一个单位；

（6）用新的价格开始下一轮拍卖。

图 12-6 显示了这个拍卖过程的偏好卖家图。

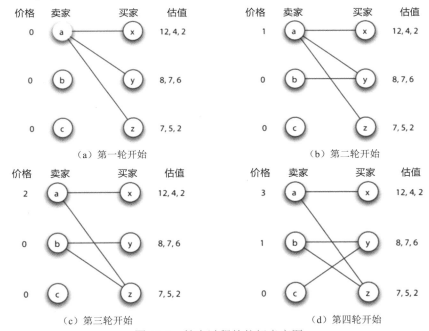

图 12-6　拍卖过程的偏好卖家图

在第一轮，所有价格从 0 开始，所有买家形成受限集合 S 而 $N(S)$ 只包含卖家 a。于是 a 将其价格提高一个单位，拍卖进入第二轮。在第二轮，买家 x 和 z 形成受限集合 $N(S)$，还是只包含卖家 a，他再次将其价格提高一个单位，拍卖进入第三轮（注意，在这一轮，我们可能观察到不同的受限集合，S 还是所有买家，但 $N(S)$ 包含 a 和 b。这没什么问题，只是意味着在这一轮中可有多种做法来运行拍卖过程，不管是哪一种，当拍卖结束的时候，都会产生市场清仓价格）。在第三轮，所有买家形成受限集合，$N(S)$ 包含卖家 a 和 b。此时 a 和 b 同时分别将他们的价格提高一个单位，拍卖进入第四轮。在第四轮，我们建立偏好卖家图，发现它存在一个完美匹配，因而当前价格是市场清仓价格，拍卖结束。

12.4 习题

1. 设有两个卖家 a 和 b，两个买家 x 和 y。每个卖家各有一套房子要出售，买家的估值如下：

买家	a 的房子的价值	b 的房子的价值
x	2	4
y	3	6

假设 a 给出的价格是 0，b 给出的价格是 1。这是一组市场清仓价格吗？给出简短说明（1～3 句话）；作为你的答案的一部分，给出在这种价格下的偏好卖家图，并用它帮助你解释答案。

2. 设有三个卖家 a、b 和 c，三个买家 x、y 和 z。每个卖家各有一套房子要出售，买家的估值如下：

买家	a 的房子的价值	b 的房子的价值	c 的房子的价值
x	5	7	1
y	2	3	1
z	5	4	4

假设 a 和 b 给出的价格都是 2，c 给出的价格是 1。这是一组市场清仓价格吗？请给出简短说明。

3. 设有三个卖家 a、b 和 c，三个买家 x、y 和 z。每个卖家各有一套房子要出售，买家的估值如下：

买家	a 的房子的价值	b 的房子的价值	c 的房子的价值
x	2	4	6
y	3	5	1
z	4	7	5

假设 a 和 c 给出的价格都是 1，b 给出的价格是 3。这是一组市场清仓价格吗？请给出简短说明。

4. 设有三个卖家 a、b 和 c，三个买家 x、y 和 z。每个卖家各有一套房子要出售，买家的估值如下：

买家	a 的房子的价值	b 的房子的价值	c 的房子的价值
x	12	9	8
y	10	3	6
z	8	6	5

设 a 要价 3，b 要价 1，c 要价 0。这是一组市场清仓价格吗？若是，解释各买家预期要买到哪套房子；若不是，则指出哪些卖家会提高他（们）的价格。

5. 设有三个卖家 a、b 和 c，三个买家 x、y 和 z。每个卖家各有一套房子要出售，买家的估值如下：

买家	a 的房子的价值	b 的房子的价值	c 的房子的价值
x	7	7	4
y	7	6	3
z	5	4	3

设 a 要价 4，b 要价 3，c 要价 1。这是一组市场清仓价格吗？请用本章的有关概念给出解释。

6. 设有三个卖家 a、b 和 c，三个买家 x、y 和 z。每个卖家各有一套房子要出售，买家的估值如下：

买家	a 的房子的价值	b 的房子的价值	c 的房子的价值
x	5	7	1
y	2	3	1
z	5	4	4

设 a 要价 4，b 要价 1，c 要价 0。这是一组市场清仓价格吗？若是，解释谁将得到哪套房子；若不是，则指出下一轮哪些卖家会提高他（们）的价格。

7. 设有三个卖家 a、b 和 c，三个买家 x、y 和 z。每个卖家各有一套房子要出售，买家的估值如下：

买家	a 的房子的价值	b 的房子的价值	c 的房子的价值
x	6	8	7
y	5	6	6
z	3	6	5

设 a 要价 2，b 要价 5，c 要价 4。这是一组市场清仓价格吗？若是，解释谁将得到哪套房子；若不是，则指出下一轮哪些卖家会提高他（们）的价格。

8. 设有两个卖家 a 和 b，两个买家 x 和 y。每个卖家各有一套房子要出售，买家的估值如下：

买家	a 的房子的价值	b 的房子的价值
x	7	5
y	4	1

描述按照二部图拍卖过程确定市场清仓价格时发生的情况，给出在每一轮拍卖结束时的价格，包括整个拍卖结束时的市场清仓价格。

9. 设有三个卖家 a、b 和 c，三个买家 x、y 和 z。每个卖家各有一套房子要出售，买家的估值如下：

买家	a的房子的价值	b的房子的价值	c的房子的价值
x	3	6	4
y	2	8	1
z	1	2	3

描述二部图拍卖过程确定市场价格时发生的情况，给出在每一轮拍卖结束时的价格，包括整个拍卖结束时的市场清仓价格。（注意：在某些轮，你可能注意到受限买家集合有多种选择。按照拍卖规则，你可以选任何一个。请思考最终的市场清仓价格与这种选择的关系）

10. 设有三个卖家 a、b 和 c，三个买家 x、y 和 z。每个卖家各有一套房子要出售，买家的估值如下：

买家	a的房子的价值	b的房子的价值	c的房子的价值
x	9	7	4
y	5	9	7
z	11	10	8

描述二部图拍卖过程确定市场价格时发生的情况，给出在每一轮拍卖结束时的价格，包括整个拍卖结束时的市场清仓价格。

11. 设有三个卖家（停车位拥有者）a，b 和 c，三个买家 X，Y 和 Z。每个卖家各有一个停车位要出售，买家的估值如下：

买家	车位a估价	车位b估价	车位c估价
X	6	5	2
Y	7	6	3
Z	6	7	6

（a）请给出一组市场清仓价格，并说明过程。

（b）市场清仓价格能达到社会最优分配吗？

12. 设有两个卖家 a 和 b，两个买家 x 和 y。每个卖家各有一套房子要出售，买家的估值如下。

买家	a的房子的价值	b的房子的价值
x	4	1
y	3	2

一般而言，给定买家、卖家和估值，存在多组市场清仓价格：任何价格，只要能产生具有完美匹配的偏好卖家图，就是市场清仓价格。作为对这个问题的探讨，试对上面的例子给出三组不同的市场清仓价格。价格应该都是整数（如 0,1,2,3,4,5,6,…）。（注意，两组市场清仓价格被认为是不同的，只要它们的数字集合不同。）解释你的答案。

第 13 章

网络中的议价与权力

13.1 社会网络中的权力

在交易网络分析中主要考虑了节点在网络中的位置对它在市场中权力的影响，在某些情况下这种分析能够对价格和权力有准确的预测，但在另一些情况下，分析结果只能带来一些可能性。本章将对网络中权力的一种观念进行形式化，以期进一步细化对不同参与者结果的预测。通过发展出一组形式化的原理，力图刻画某些细微差异，目标是创建一个简洁的数学框架，帮助预测任意网络中哪些节点有权力，有多大权力。

权力是社会学中的一个核心概念，人们对它的研究体现在多种形式上。与许多相关概念一样，一个基本的问题是，一个个体在网络中所表现出来的权力，在多大程度上是其自身特性（如个人禀赋）所决定的，在多大程度上源于网络结构的性质（如某人是因为在网络中占据关键位置才显得特别有权力）。

这里的目的是要从广义的社会性互动的角度来理解权力，而不仅限于将权力看成在经济、法律或者政治范畴有关实体的特性，也就是说，我们关心人们在朋友圈、社区或者组织机构中所起的作用。我们特别关注在大型社会网络中权力是如何在直接关联的人们之间体现出来的，也就是说，研究一个人比另一个人有权力的条件，要比简单说某人有权力更有意义。

13.1.1 网络中位置权力的一个例子

下面通过一个简单的例子来讨论这个问题。图 13-1 是由 5 人构成的社会网络，其中的边表示朋友关系。直觉上看，节点 B 在网络中占有一个有权力的位置，特别是相对其邻居中的 A 和 C 而言，B 显得比较有权力。什么道理使我们有这种认识呢?下面是几个角度的非形式化描述，后面会有比较精确的论述。

（1）依赖性：前面提到过，社会关系带来价值，对节点 A 和 C 来说，这种价值的来源完全在于 B，但对 B 而言，他有多种选择。

（2）排他性：相对而言，B 有能力排除 A 和 C。例如，假设每人要在群体中选一个"最要好的朋友"，B 可以单方面地在 A 和 C 之间挑选一个，但他俩除了 B 别无选择。（然而 B

对于 D 而言则没有类似的权力。）

（3）饱和性：这种权力可能隐含在称为"饱和性"的心理学原理中，即对于某种可以带来回报的事物而言，随着其数量的增加，回报逐步减少。这里还是考虑社会关系能带来价值，B 将比群体中的其他成员得到更多的价值，而一旦变得饱和之后，B 维持这些社会关系的兴趣会降低，倾向于不满足从一个关系中得到与对方均等的价值份额。

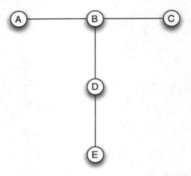

图 13-1　由 5 人构成的社会网络

13.1.2　权力与交换的实验性研究

虽然可以感觉到这些原理在许多情形下是有用的，但在大多数真实环境中却难以精确或定量地讨论它们的效果。于是研究人员转向一些受控的实验，让被试对象参与一轮规范化的社会交换活动。

不同实验的具体细节会有所不同，下面是一种典型的安排，大致上讲，用图表示一个社会网络。将每个实验对象安排在该图的一个节点上；设想有一定量的钱放在该图的每条边上，由边关联的两个节点商议如何划分在他们之间的那份钱。最后这种安排的关键是每个节点只能参与和其一个邻居的关系价值划分，因此面对的选择不仅是要寻求多大的份额，还有与谁分享的问题。这种实验要进行多轮，以便让参与者有多次互动，实验将研究多轮之后金额的划分情况。下面是具体的细节。

（1）取一个图（见图 13-1），且为图中每个节点安排一个实验对象。每个人坐在一台计算机前，可以用即时通信方式与其邻居交换信息。

（2）每个社会关系中的价值具体体现为赋予图中邻接边上一定的资源，设想这是可以在两个端点间进行划分的一定的钱数，例如 1 元。在端点之间进行一次这种价值的划分称为一次交换。这种划分的结果可能是等量的，也可能是不等量的。无论结果如何，都将被看成那条边所表示的关系中的权力非对称程度的某种信号。

（3）为每个节点设定一个其可以进行交换的邻居数量的限制。最常见的是考虑极端情况，即让每个节点只能和一个邻居进行交换，即 1-交换规则。这样，对于图 13-1 所示的例子来说，节点 B 最终只能和其三个邻居之一进行交换。在这种限制下，在实验的每一轮中所发生的交换集合可以看成图的一个匹配，即一个没有公共端点的边集。然而，它不一定是一个完美匹配，因为某些节点可能没有参与任何交换，例如在图 13-1 中，因为节点个数是奇数，交换肯定不会形成一个完美匹配。

（4）每条边上的价值分配方式如下，一个节点同时分别与其邻居进行即时消息通信。对每个邻居，它采用相对自由的方式与其进行谈判，对相关边上的钱如何进行分配提出建议，有可能达成一个协议。这种谈判必须在给定时间内结束（不一定有结果）。为了落实上述 1-交换规则，一旦一个节点与其某个邻居达成了协议，它与所有其他邻居的谈判即刻终止。

（5）进行多轮实验，关系图和实验对象与节点的对应关系如（1），保持固定不变。在每一轮，每条边上的钱数如同（2）那样重置初值，每个节点如同（3）那样参与交换，钱的分配如同（4）那样进行。多次运行，让节点之间有多次互动。接着研究在多轮之后出现的交换价值。

这样，网络中边上"社会价值"的一般概念就通过一种特定的象征性经济学概念得以展现：价值用金钱来表示，且人们直言不讳地商讨如何对它进行分配。若不特别说明，我们主要考虑 1-交换规则。前面讲排他性的时候，举过选择"最要好朋友"的例子，可以将1-交换规则看成它的一种体现，也就是说，1-交换规则对应节点之间试图形成伙伴关系的模型：每个节点希望与另一个节点建立一种伙伴关系，并且要得到在伙伴关系中隐含的价值的一个合理份额。本章后面会讲到，改变节点参与交换的个数，会对有权力的节点产生有趣的影响。

13.2　网络交换实验的结果

首先观察在一些简单的图上进行这种实验的情形。由于实验结果在直觉上是合理的，并且相当稳定，我们将逐步深入地考虑权力在这种交换实验中起作用的原理。

图 13-2 中有 4 种基本网络。可以看到，它们是节点数为 2、3、4 和 5 的路径图。

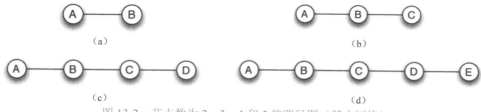

图 13-2　节点数为 2、3、4 和 5 的路径图（基本网络）

1．2 节点路径

图 13-2（a）所示的 2 节点路径对应最简单的情形：让两人在一定的时间内对如何分 1 元达成一致。即使如此简单的情形，也带来不少概念上的复杂性。博弈论中有大量工作都

是针对这种情况的，即要考虑利益相对的双方坐下来谈判时结果会怎样。多数标准的理论预测结果是平分，这看起来是一种合理的预测，也是 2 节点路径图的网络交换实验中近似反映出来的结果。

2．3 节点路径

图 13-2（b）所示的 3 节点路径上节点依次为 A、B 和 C，直觉上 B 要比 A 和 C 更有权力，和 A 谈判时有备选 C 的退路，但 A 就别无选择，当 B 和 C 谈判时也有类似优势。此外，在每一轮实验中，至少 A 和 C 之一要在交换中被排除掉，实验中人们发现被排除的对象在下一轮倾向要得少一些，以期不被排除，在交换实验的实践中，B 的确得到了价值的大多数份额。

3．4 节点路径

图 13-2（c）所示的 4 节点路径要比前面两种情况复杂多了。一种结果是每个节点都参与了交换，A 和 B 交换、C 和 D 交换，但也有 B 和 C 交换，A 和 D 都被排除的结果。

这样 B 要比 A 更有权力，但与 3 节点路径的情形相比要弱一些。在 3 节点路径中，B 可以排除 A 而去和别无选择的 C 交换，然而在 4 节点路径中，如果 B 排除了 A 是有代价的，因为此时它要寻求交换的 C 可能已经有了比它更有吸引力的 D。换言之，B 要排除 A 在实际执行中是有代价的。实验结果支持对这种弱权力的认识，在 A 和 B 交换中，B 得到的份额比一半稍多。

4．5 节点路径

5 节点路径的微妙之处在于节点 C［见图 13-2（d）］，直觉上它占据着网络的中心位置，但在 1-交换规则下实际上是弱的。这是因为 C 只有与 B 和 D 交换的机会，但他们分别有具有吸引力的 A 和 E。这样 C 在交换中几乎和 A、E 一样容易被排除。简言之，C 的谈判对手都有很弱的节点作为备选，这就使 C 处于弱势了。

在实验中，人们发现 C 要比 A 和 E 稍微强一些。注意，C 处于弱势实际上在于所采用的 1-交换规则。例如，若允许 A、C 和 E 参与一次交换，但允许 B 和 D 参与两次交换。那么，由于 B 和 D 需要 C 才能充分利用他们的交换机会，C 立刻就变得重要起来，有权力排除他的某个交换对手。

5．其他网络

人们在许多其他网络上都进行过实验研究。在不少情形下，可以通过综合图 13-2 中几种基本网络得到的概念来理解那些实验的结果。例如图 13-1 所示的社会网络已被深入研究过。由于 B 有权力排除 A 和 C，他在和他们的交换中趋向于取得占优的结果，有了 A 和 C 这两个备选项，B 几乎没有兴趣和 D 进行交换。于是 D 除 E 之外就没有第二个选项了，因而 D 和 E 趋于在大约平等的基础上进行交换，所有这些观察都得到了实验结果的支持。

另一种被深入研究过的例子是所谓的"柄图"，如图 13-3 所示，一般是 C 和 D 进行交换、B 和 A 进行交换，从而得到满意的结果，节点 B 在网络中的位置在概念上与 4 节点路径中 B 的位置相当。在柄图中 B 和 A 谈判时有权力优势，但是权力优势较弱，这是因为若排除了 A，它就要和 C 或 D 交换，但那两位有相互交换的可能。实验表明，图 13-3 中的节点 B 要比 4 节点路径中的节点 B 稍微多得到一些价值份额。可通过一种微妙的直觉来理解这种现象：B 在 4 节点路径中对 A 的威胁是他可与另一个节点 C 谈判，但 C 的权力与 B 相当；而在柄图中，B 的备选谈判对手的权力优势要比 B 弱一些。

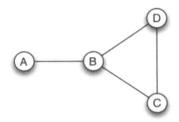

图 13-3　交换网络的一个例子（其中节点 B 的权力优势较弱）

6．一种非稳定网络

到目前为止，所讨论过的网络有一个共同点，即参与者之间的谈判在所限时间内趋于正常结束（达成谈判结果），而且在多轮实验中结果相当一致。但是，也有一些病态网络，其中的谈判趋于拖到最后，而且参与者的结果不可预测。

考虑一种最简单的病态网络，如图 13-4 所示，3 个节点相互连接，在这种三角形网络中运行交换实验，在 3 个节点之间，只有一个交换可能完成，因此当时间快到时，两个节点（如 A 和 B）将要结束谈判，而第三个节点（这里是 C）完全被排除在外，就要一无所获了。这意味着，C 会愿意在最后时刻切入 A 和 B 的谈判中，向其中一个让出大多数价值份额，自己只留一点点。如果这样（如 C 给了 A 很大好处），就要有另一个节点（这里是 B）被排除在外了，而他也会愿意让出很大的价值份额回到交换中。

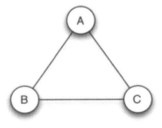

图 13-4　病态网络（谈判不可能达成稳定协议的交换网络）

这个过程自身会无限循环，总是有某个节点被排除在外，因而会做出很大让步来试图回到交换中，于是这个过程只能通过"时间到"机制来结束。在这种情况下，总会有节点"玩最后一下子"，从而对任一节点的结果都很难预测。

我们再次看到一个前面讨论中没有出现过的情况。三角形网络的独特之处在于无论两个节点之间要达成什么交换结果，被排除的节点总有一种自然的方式"打破"正在进行的谈判，从而破坏掉网络中结果趋于稳定的状态。另外值得注意的是，在大型网络中存在三角形不一定总会引起问题，图 13-3 所示的网络中包含一个三角形但由附加节点 A 带来的交换可能性使我们有可能得到稳定的结果，即 A 与 B 交换，C 与 D 交换。

13.3　两人交互模型：纳什议价解

到目前为止，可以看到在一些网络中进行交换实验的情形，并且提出了一些非形式化的理由来解释实验的结果。希望能解释的现象有，边上价值对等与不对等分配之间的区别，强权力（极端的不平衡）与弱权力（如在 4 节点路径中，存在一定程度的不平衡）的区别，结果稳定的网络与结果不稳定的网络（图 13-4 中的三角形）的区别。事实上通过一种基于简单原理的模型，我们会实现这个目标，从而把握上述每一种现象。下面将基于一种不同的两人互动形式（主要是基于人类对象的实验）引入模型的两个重要元素：第一个元素，纳什议价解；第二个元素，终极博弈。

13.3.1　纳什议价解

从两人议价的简单形式开始。如同网络交换中的 2 节点路径，A 和 B 两人谈判如何在他们之间分 1 元，不过，现在扩展这个故事，让 A 有一个外部选项 x，B 有一个外部选项 y（见图 13-5）。这么做的意思是，如果 A 不喜欢在和 B 的谈判中形成的份额，他可以放弃谈判而去获得 x。这是有可能发生的，例如，若 A 在谈判中得到的份额少于 x，他就可能放弃谈判，类似地，B 也有可能在任何时候放弃谈判，而去获得他的外部选项 y。注意，若 $x+y>1$，则在 A 和 B 之间就不可能达成协议，因为不可能两人从 1 元中分得的金额分别都不少于 x 和 y。于是，在考虑这种情形时，假设 $x+y\leq1$。

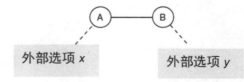

图 13-5　两个有外部选项的节点议价的示意图

给定这些条件，A 会要求在谈判中至少得到 x，B 会要求至少得到 y，于是，谈判实际上就是在说如何分配剩余 $s=1-x-y$（因前面假设了 $x+y\leq1$，s 至少为 0）。一种自然的预测是，如果 A 和 B 两人有相等的谈判权力，那么他们将同意均分剩余金额，即 A 得 $x+s/2$，B 得 $y+s/2$。这也就是纳什议价预测的结果：当 A 和 B 就如何划分 1 元进行谈判时，若 A 有外部选项 x，B 有外部选项 y，且 $x+y\leq1$，则纳什议价结果（纳什议价解）为：

对 A 来说是 $x+s/2=(x+1-y)/2$；对 B 来说是 $y+s/2=(y+1-x)/2$。

纳什议价解强调了谈判过程中的一个一般性要点：在谈判开始之前，有一个很强的外部选项对于获得有利的结果是十分重要的。对本章大部分内容来说，将纳什议价解看成是一种自圆其说的原理就够了（实际上它是得到实验支持的）。不过本章最后一节要考虑它是否能由一个更基本的行为模型推导出来。事实上，当我们将这个议价过程看成一种博弈时，纳什议价解就是它的一个自然的均衡。

13.3.2 两人交互模型：最后通牒

纳什议价结果提供了一种理解两个人行为的方式，他们的权力差别来源于他们外部选项的差别。从原理上讲，这甚至可以适用于权力极端不平衡的情形。例如，在 3 节点路径的网络交换中，中间节点有全部权力，因为它可以排除其他两个节点中的任何一个，但在该网络交换中，中间节点一般并不能将其对手的份额挤压到 0，而会得到类似于 5/6 和 1/6 的分配。

是什么原因使得谈判从一种完全不平衡的结果回退？这在交换实验中实际上是一种常见的结果：在权力严重失衡情形下的实验结果会系统性地偏离简单理论模型的极端性预测结果。探讨这个结果的基本的实验框架之一称为最后通牒博弈。与前面讨论过的议价框架相似，最后通牒也是涉及两个人要分配 1 元的问题，但遵循的过程非常不同：首先让 A 提出一个分配 1 元的方案，多少给 B，多少自己留下；B 有两个选择，要么接受，要么拒绝；如果 B 接受了 A 的方案，各得其所，若 B 拒绝了，两人都得不到任何东西。此外，假设 A 和 B 通过即时消息联系，实验人员告知他们，他们以前从来没见过，并且今后很可能也不会见面。也就是说，这是一个一次性互动。

首先，假设两人都希望最大化自己所得。他们该如何表现?这个并不难。先看 B 该如何。如果 A 提出的方案多少给了一些，那么 B 的选择就在得到那些（接受 A 的建议）和什么都得不到（拒绝 A 的建议）之间。因而，B 应该接受任何非零的安排。

假定这就是 B 的行为准则，A 该怎么办?由于 B 会接受任何不为零的安排，A 应该给 B 一点点，而自己尽量多得些。这样 A 的建议应该是他自己留 0.99 元，让 B 得 0.01 元。这就是对人们只考虑金钱多少，在权力极端不平衡情形下的行为的预测，具有绝对权力的那一位（A）将尽量克扣，几乎没权力的那一位（B）则会接受哪怕是一点点的份额。

13.3.3 稳定结果

前面从理论和实验上得到了一些关于两人互动的原理，下面应用这些原理建立一个能近似预测任意图上网络交换结果的模型。

先来说清楚结果到底是什么。在一个给定图上网络交换的结果由下面两个方面构成。

（1）在节点集合上的一个匹配，指明谁和谁交换。这是 1-交换规则，其中每个节点最多完成一个交换，某些节点可能被排除在外。

（2）每个节点与一个数字关联，称为它的价值，指出该节点在交换中的所得，若两个节点在结果中匹配，则它们的价值之和等于1，表示它们在一个单位价值上的划分。若某节点不在任何匹配中，它的价值应该是0，也就是它没有参与任何交换。

在3节点和4节点路径（网络）上交换的示例如图13-6所示。

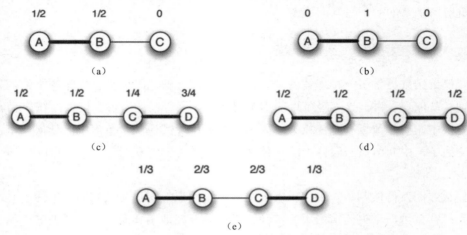

图13-6　在3节点和4节点路径（网络）上交换的示例

对于任何网络，总会有各种结果的可能，实验的目的是识别出那些在网络交换中可能出现的结果。所期望的结果应该满足以下条件：不存在节点X，它可以对节点Y提出一种划分价值的建议，使X和Y都得到更多的价值，从而将节点Y从一个已有的协议中"抢过来"。例如，考虑图13-6（a）所示的网络，节点C被排除在交换之外，但C可以做点事来改善自己的处境，例如C可以向B提出若B终止与A的协议而与自己交换，C将给B 2/3（自己留1/3）。这个提议的结果对B和C都是一种改善（B的价值从1/2变到2/3，C的价值从0变到1/3）。由于无法阻止这种情形发生，因此当前情况是不稳定的。在图13-6（b）所示的网络中，C也比较糟糕，但他不能做任何能改善自己处境的事情。B的价值已是1了，C无法破坏当前的A与B的交换。这种情形尽管对某些参与者不利，但是很稳定。我们可将这个概念进行精确定义，如果有两个节点既有机会也有动机来破坏已存在的交换模式，那么称结果存在不稳定性，特别地，交换实验有以下定义。

不稳定性：给定一种由匹配和节点价值构成的结果，不稳定性指的是不在该结果匹配中的一条边，其两个端点X和Y的价值之和小于1。

在讨论的例子中，图13-6（a）所示网络交换结果的不稳定性是连接B和C的边，且价值之和为1/2，于是B和C可以通过交换变得更好。图13-6（b）所示网络交换结果没有不稳定性，其中不存在什么力量来破坏当前状态。这样，可给出网络交换结果稳定性的定义。

稳定性：网络交换的结果是稳定的，当且仅当它不包含任何不稳定性。

由于不稳定结果的脆弱性，实践中希望看到的是稳定的结果。图13-6（c）～（e）是进一步说明这些定义的几个例子。图 13-6（c）所示网络交换结果有不稳定性，由于节点 B 和 C 之间有一条边，且他们的价值之和小于 1，因此他们可以通过交换得到更多。图 13-6（d）和图 13-6（e）所示网络交换结果都是稳定的，因为不属于匹配的那条边所涉及的两个节点的价值之和不小于 1。

13.3.4　平衡结果

在一个给定网络中，可能有许多稳定结果，本节考虑如何挑选出一个平衡结果的集合，平衡结果的概念可通过 4 节点路经来很好地解释。图 13-6（d）是一个稳定结果，但它在实际实验中出现的可能性太小。此外，节点 B 和 C 之间谈判得太不充分。尽管他们都有备选项，而 A 和 D 没有，可他们还是分别与 A 和 D 平分了那份钱。

考虑这个问题，可以将网络交换看成一种议价，其中外部选项通过网络中的其他节点提供。图 13-7（a）是价值全为 1/2 的结果。能够看到，B 实际上有一个外部选项 1/2，这是因为 B 可给 C 提供 1/2（也可以是比 1/2 稍大一点的值），从而将 C 从当前与 D 的协议中拉过来。同样的原因，C 也有一个外部选项 1/2，这是 C 需要给 B 提供的价值，从而将 B 从与 A 的协议中拉过来。网络此时给 A 和 D 提供的外部选项是 0，故他们没有其他备选可能。

上述讨论提供了一种看待价值全为 1/2 结果的方式：对节点的外部选项而言，那是不体现纳什议价结果的交换。在这个意义下，图 13-7（b）所示的结果看起来特别自然。对那些值而言，B 有一个外部选项 1/3，因为 B 若要将 C 从当前与 D 的协议中拉过来，B 需要至少给 C 提供 2/3，给自己最多留下 1/3，这样在网络的其他部分提供了一定外部选项的情况下，B 和 A 的 2/3、1/3 划分就体现了 B 和 A 的纳什议价结果。同样的推论也适用于 C 与 D 的交换，这里的每个交换都体现了纳什议价结果。

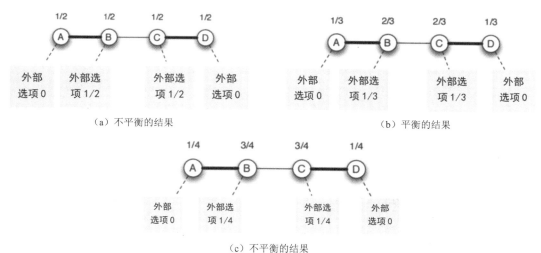

图 13-7　平衡与不平衡结果的差别

13.4 习题

1．设按照图 13-8 所示的网络进行网络交换实验，采用 1-交换规则。你预期哪个（或哪些）节点挣的钱会最多（得到最大的交换结果），给出简要解释。

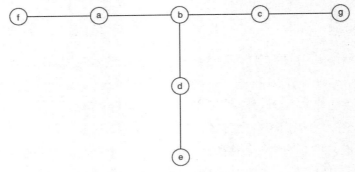

图 13-8　习题 1 的网络

2．设按照图 13-9 所示的网络（3 节点路径）进行一个网络交换实验，采用 1-交换规则。现在你要扮演第 4 个节点的角色，可以用一条边与图中三个节点中的任何一个相连。你会和谁相连，使得在所得的 4 节点网络中你的权力尽量大（权力指的是在其上进行网络交换实验的预期结果）？给出简要解释。

图 13-9　习题 2 的网络

3．设按照图 13-10 所示的网络进行网络交换实验，采用 1-交换规则，每条边上放 10 元。

（a）你预期哪个（或哪些）节点挣的钱会最多（得到最大的交换结果），给出简要解释，不需要给出节点得到的实际钱数。

（b）现在改变网络，增加第 6 个节点 f，只与节点 c 相连。也有一个新人加入，站在 f 的位置上参与 6 节点网络交换实验。试解释网络改变前后各参与者的相对权力的变化情况，同样不需要给出节点得到的实际钱数。

图 13-10　习题 3 的网络

4．设按照图 13-11 所示的网络进行一个网络交换实验，采用 1-交换规则，每条边上放 10 元。

（a）你预期哪个（或哪些）节点挣的钱会最多（得到最好的交换结果），给出简要解释，不需要给出节点得到的实际钱数。

（b）现在稍微改变一下实验条件：在 b-c 边上，改放 2 元，其他都不变。试解释条件改变前后各参与者的相对权力变化情况，同样不需要给出节点得到的实际钱数。

图 13-11　习题 4 的网络

5. 设按照图 13-12 所示的网络进行一个网络交换实验，采用 1-交换规则，每条边上放 10 元。

（a）实验进行了一段时间后，实验人员改变网络：引入两个新节点 e 和 f，并让两个新人加入。节点 e 连到节点 b，节点 f 连到节点 c。新的一轮实验在这 6 节点网络上进行。对比最初 4 节点的情况，解释你对参与者相对权力变化的认识，不需要给出节点得到的实际钱数。

（b）实验人员决定再次改变网络，节点不变，但增加一条 e-f 边（其他的边也不变）。

新一轮实验在改变后的 6 节点网络上进行。对比（a）的情况，解释你对参与者相对权力变化的认识，不需要给出节点得到的实际钱数。

图 13-12　习题 5 的网络

6.（a）设进行两个网络交换实验，采用 1-交换规则，分别在图 13-13 所示的 3 节点路径和 4 节点路径上进行。在哪个实验中 b 会挣到较多的钱？请简要解释，不需要给出实际钱数。

（a）　　　　　　　　　　（b）

图 13-13　习题 6（a）中的 3 节点路径图和 4 节点路径图

（b）设按照图 13-14 所示的网络进行一个网络交换实验，采用 1-交换规则。你预期哪个（或哪些）节点挣的钱会最多（得到最好的交换结果）。

进一步地，你认为图 13-14 中最有权力节点的优势更加类似于本题（a）中 3 节点路径中的 b，还是 4 节点路径中的 b？请简要解释你的答案，不需要给出节点得到的实际钱数。

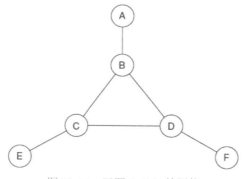

图 13-14　习题 6（b）的网络

习题讲解第 13 章

第 14 章

万维网的结构和网络搜索

14.1 万维网结构

14.1.1 信息网络和超文本

万维网中超文本结构为我们呈现了一种重要的信息网络，其中节点（网页）包含信息，节点之间的链接，表明它们之间的相互关系，这种模式并不陌生。

最初使用超文本可以追溯到学术著作和论文中的引用方式。当学术论文或著作涉及他人的学术思想或成果时，作者通常采用引用的方式注明相关内容的来源。

另一个例子是百科全书或参考工具书中使用的交叉参考结构，文章通常包含一些指向其他相关文章的指针，在线参考工具维基百科同样采用这种交叉参考结构。这种信息组织原则更接近超文本的原始设计思想，一些相关联的文章通过交叉参考联系起来，无论是百科全书还是在线维基百科，读者都可以通过这些交叉参考提供的线索从一个专题转到另一个专题。

14.1.2 将万维网看成一个有向图

在研究社会网络和经济网络时，已经体验到采用图结构方法的有效性，这对研究信息网络有很好的借鉴作用。将万维网看成一个有向图，有助于更好地理解链接所表示的逻辑关系。

有向性和无向性体现了社会网络和信息网络的两种不同的网络特征。社会网络类似前面讨论过的人们的朋友关系网络，而信息网络则对应一种听说关系，如果 A 听说认识 B，则有一个自 A 到 B 的链接，后一种网络是有向的，而且是相当不对称的——很多人都知道一些名人，热衷于关注这些名人的生活，但不意味着名人会知道他们粉丝的姓名和身份。在结构上，万维网这样的信息网络更接近于这种知晓网络，而不是以友谊为基础的传统社会网络。

无向图中的连通性通过路径定义：如果可以从一个节点通过一系列的边到达另一个节点，就说这两个节点可通过路径连接；如果图中的每对节点都有路径相连，则这个图是连通的。一个非连通的图可以分解成几个连通图的分量。对于有向图，同样可以试图用类似的方法讨论它的连通性，为了更有效地定义有向图的连通性，考虑到路径的方向性，首先需要修改对它的定义。

首先，有向图中一条从节点 A 到节点 B 的路径是一个节点序列，从 A 开始，到 B 终止。其中每对相邻的节点都有一条指明前行方向的边连接。这里的"指明前行方向"使有向图对路径的定义区别于无向图。万维网正是跟随着链接以这种前行的方向浏览不同的网页的，换句话说，可以从当前网页跟随一个链接进入新的网页，但却不了解都有哪些网页能够链接到当前网页。

用图 14-1 中的例子说明这个定义：这是由一小组网页及它们之间的连接构成的有向图，描述了与某个假想的大学 X 相关的学生和课程，假设该大学曾经被一家全国性杂志提名，通过跟踪一系列的链接（前行方向），可以发现一条路径，从标为"Univ. of X"的节点到标为"US News College Rankings"的节点；从网页"Univ. of X"开始，经过网页"Classes"沿着链接到达名为"Networks"的课程主页，进入"Networks Class Blog"，由此再链接到网页"Blog post about College Rankings"，最终通过这个博客帖子上的链接到达网页"US News College Rankings"，不难发现图中并没有从节点"Company Z's Home Page"到节点"US News College Rankings"的路径，如果允许沿着链接往回走倒是有一条，若只允许沿着链接前行方向走，自节点"Company Z's Home Page"，只能链接到节点"Our Founders""Press Releases"和"Contact Us"。

有了对路径的定义，就可以进一步说明有向图连通性的概念。如果一个有向图中每个节点都有到其他所有节点的路径，则这个有向图是强连通的。显然，图 14-1 不是强连通的，正如前面观察到的，图中一些节点之间没有从前一个节点到后一个节点的路径。

如果一个有向图不是强连通的，那么描述它的可达性就非常重要。为了更准确地定义这个概念，不妨还是先讨论简单的无向图。对于一个无向图，连通分量可以有效地描述可达属性，换言之，如果两个节点属于同一个分量，则它们可以通过路径彼此通达；如果两个节点属于不同的分量，则不能彼此通达。有向图的可达性概念比较复杂。一个有向图中有的节点对彼此都能够通达到对方（如图 14-1 中的"Univ. of X"和"US News College Rankings"），有的节点对可以从一个节点通达到另一个，但反过来不行（如"US News College Rankings"和"Company Z's Home Page"）。还有的节点对彼此都不能通达到对方（如"I'm a student at Univ. of X"和"I'm applying to college"）。此外，有向图中可达性概念的复杂性还表现在视觉上，无向图中的分量可以很自然地对应于图中没有边连接的分离组块，而一个不是强连通的有向图并不能很直观地分隔成独立的组块。那么我们如何描述其可达性呢？关键是要对有向图的分量有一个正确的认识，可以严格参照无向图分量的定义进行。

有向图的强连通分量是一个节点子集，满足：①子集中每个节点都有到其他每个节点的路径；②该子集不属于某个更大的节点集合，且这个更大的节点集合中每个节点有到所有其他节点的路径。

如同无向图的情况，定义的第一个条件说明一个强连通分量中所有节点都可以通达到其他节点；第二个条件则表明，强连通分量对应于尽可能分隔的组件，而不是一个更大组件中的一部分。

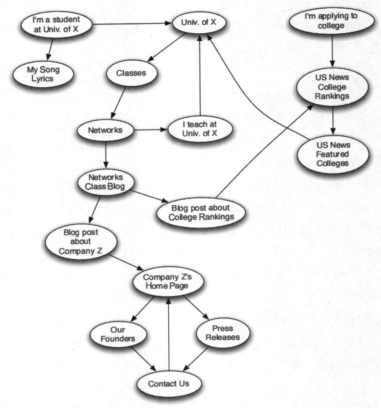

图 14-1　一组网页之间的链接构成一个有向图

实例有助于理解有向图的强连通分量，图 14-2 展示了图 14-1 所描述的有向图中的强连通分量。注意定义的第二个条件对构成独立组件所起的作用：4 个节点组合"Univ. of X"、"Classes"、"Networks"、"I teach at Univ. of X"，共同满足定义的第一个条件，但它们不能构成一个强连通分量，因为这个节点组合属于一个更大的满足定义第一个条件的节点集合。

这个例子说明，对于有向图，可以用强连通分量来描述它的可达性。给定两个节点 A 和 B，通过以下方式能够判断是否存在由 A 到 B 的路径。首先寻找包含 A 和 B 的强连通分量，如果 A 和 B 属于同一个强连通分量，则它们通过路径彼此通达；否则将包含 A 和 B 的强连通分量分别看成更大的超级节点，观察是否存在一条路径，可由包含 A 的强连通分量以前行的方向通达到包含 B 的强连通分量。如果存在这样的路径，则可以由 A 通达到 B，否则 A 不能通达到 B。

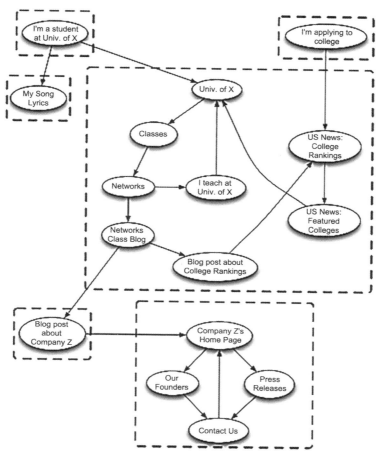

图 14-2 一个有向图中的强连通分量

14.2 万维网的领结结构

万维网经过十多年的高速发展后，1999 年安德烈·布罗德和他的同事着手构建全球万维网概图，采用图论中的强连通分量作为基础模块，并利用当时最大的商业搜索引擎之一Alta Vista 构建的网页和链接索引形成最初的原始数据。随后研究人员不断利用更大规模的万维网快照继续他们的研究工作，数据源包括早期谷歌搜索引擎收集的网页和一些大型研究收藏的网页，类似的研究在万维网的一些特定应用领域展开，如分析维基百科中文章之间的链接。尽管布罗德等最初的研究数据源自万维网发展早期的快照，这种将万维网视为一个超大有向图的映射模式，以及由此建立的万维网概图依然对研究万维网非常有帮助。

14.2.1 超大强连通分量

万维网地图与物理世界的地图的意义完全不同，布罗德等更关注概念性意义。这是一种抽象地图，将万维网分隔成几大组块，并以程式化的方式展示这些组块怎样组合在一起。布罗德等研究者首先观察到万维网包含一个超大强连通分量。许多自然产生的无向图都包含一个超大强连通分量——一个包含大部分节点的单量。从经验出发，不难理解以有向图表示的万维网也具有类似的特征。简单来说，一些主要的搜索引擎及其他作为起始网页的门户网站都提供目录式的网页链接，可以链接到一些主要的主页，使用户能够很方便地从起始网页进入这些大型网站，而且这些大型网站的网页本身又提供返回搜索引擎或起始网页的链接（图 14-1 和图 14-2 中从"US News College Rankings"到"Networks Class Blog"及再回来的路径体现了上述观点）。因此，所有这类网页都可以互相访问，它们都属于同一个强连通分量。如果这个强连通分量包含全球主要的主页，就很容易理解这是一个超大的强连通分量。

有必要说明一点，类似于无向图，有向图最多只能有一个超大强连通分量。因为如果一个有向图有两个超大强连通分量，设它们为 X 和 Y，若 X 中任何一个节点到 Y 中任何一个节点有链接，并且 Y 中的任何一个节点到 X 中的任何一个节点也有链接，则 X 和 Y 就合并成一个单一的强连通分量。

14.2.2 领结结构

布罗德等所做的第二项研究工作是分析网络中其余的强连通分量与这个超大强连通分量之间的关系。这需要对超大强连通分量以外的节点进行分类，按照它们是否能够链接到超大强连通分量和能否从超大强连通分量链接而来进行，首先将这些节点分成链入和链出两类。

（1）链入（IN）：所有能够链接到超大强连通分量但并不能通过超大强连通分量链接访问的节点即超大强连通分量的上游节点。

（2）链出（OUT）：所有可以从超大强连通分量链接访问，但不能链接到超大强连通分量的节点，是超大强连通分量的下游节点。

可以通过图 14-2 对上述定义进行说明。尽管图 14-2 所示的网络相对一个超大强连通分量来说显得过于渺小，仍可以将图中最大的强连通分量想象成超大强连通分量，观察其他节点与这个强连通分量的关系。网页"I'm a student at Univ. of X"和"I'm applying to college"组成链入集合 IN，网页"Blog post about Company Z"和整个强连通分量中涉及 Z 公司的网页构成链出集合 OUT。更直观的描述是，链入集合中的网页无法被超大强连通分量中的网页成员察觉到，而链出集合中的网页可以从超大强连通分量中的某些网页链接到，但这些链出集合中的网页不能链接到超大强连通分量中的网页。

图 14-3 为布罗德等研究者建立的万维网领结结构示意图，描述了链入、链出、超大强连通分量组成部分之间的关系。视觉上链入和链出部分很像中央超大强连通分量向两侧展开的分支，因此布罗德等称此图为万维网的领结结构图，超大强连通分量是位于中央的

"结"。图中不同组块的实际尺寸基于 1999 年 Alta Vista 收集的数据，目前看这些数据早已过时了，但其基本框架却跨越时间和领域仍然保持正确。图 14-3 表明链入、链出、超大强连通分量这三大部分占所有节点的绝大部分。

　　如图 14-3 所示，还有一些网页不属于链入、链出、超大强连通分量中的任何一个集合。也就是说，这些网页既不能链接到超大强连通分量，也不能通过超大强连通分量链接访问。这些网页可以进一步划分为卷须和游离部分。

　　（3）卷须（Tendrils）：①领结结构的"卷须"部分包括能够从链入集合链接访问，但不能链接到超大强连通分量的节点；②有路径到链出集合，但不能从超大强连通分量链接访问的节点。例如，图 14-2 中的网页"My Song Lyrics"是一个卷须网页的例子，它可以通过链入集合中的节点链接访问，但并没有到达超大强连通分量的路径。卷须节点可能同时满足①和②，此时它属于一个"管道"（Tubes），从链入集合通达到链出集合，而不需要经过超大强连通分量。例如，若图 14-2 中的网页"My Song Lyrics"可以链接到网页"Blog post about Company Z"，它就成为一个管道节点。

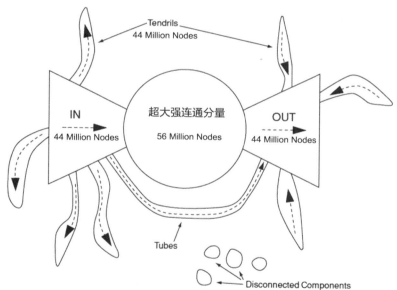

图 14-3　万维网领结结构示意图

　　（4）游离部分（Disconnected Components）：有些节点不存在到超大强连通分量的路径，即便我们完全忽略边的方向。这些节点不属于上述所讨论的类别。

　　领结结构图为我们提供了万维网宏观层次的结构视图，它的构建基础是万维网结构的可达性及其强连通分量的相互关系，从中可以观察到，万维网拥有一个中央核心部分，包含了大部分突出的网页，其他节点位于这个核心部分的上游或下游，或者与这个核心部分分离。这是一个高度动态的图形结构，随着人们不断创建新的网页和链接，节点会不断地进入或离开这个超大强连通分量，领结的各个组块会因此而改变它们的边界。研究表明，随着时间的推移，万维网领结结构会发生一些细节变化，但总体上仍保持相对稳定。

领结结构图展示了万维网的全局面貌，但它不能揭示各组成部分内部网页之间更细粒度的关系模式，比如识别一些重要的网页或主题相关的网页。解决这类问题，涉及更深层的网络分析，我们需要为网页赋予一个"强度"，并探讨有效地定义或识别网页"强度"的方法，这就是即将要讨论的直接影响网络搜索引擎的设计思想。

14.3 网络搜索：排名问题

如果在百度搜索引擎中输入查询词"湖州师范学院"，搜索结果会显示湖州师范学院的主页 www.zjhu.edu.cn。这个结果让人无可置疑，但百度怎么会"知道"这是最好的答案呢？搜索引擎通过某种自动机制确定网页的排名，这完全取决于万维网的自身特性，与外界因素无关。具体来说，当万维网中的信息量足够多时，通过分析它的网络结构可以确定网页的排名。

在讨论网页排名方法之前，不如先来思考这个问题的复杂性。事实上，信息检索在万维网出现之前就已经有几十年的历史了，20 世纪 60 年代开始出现以关键词查询为主的信息检索系统，可检索档案库中的报刊文章、科学论文、专利、法律摘要和其他文档。信息检索系统的问题是用关键词或关键词列表描述复杂信息的方式非常有局限，难以和实际信息很好地对应。除此之外，还涉及同义词（多个词表示同样的含义，如用关键词"青葱"检索相关的食谱，却因食谱中使用的是另一个词"绿葱"而检索失败）或多义词（一个词表达多个含义，如要搜索有关动物美洲豹的信息，结果却出现大量与美洲豹这个名字相关的汽车、足球运动员等的信息）的困扰。

在很长一段时间，直到 20 世纪 80 年代只有图书管理员、专利代理人员及其他专门做文档搜索工作的人员使用信息检索系统，这些人经过培训掌握了如何有效地进行查询，且被检索的文档往往由专业人员编写，格式上符合一定的规范。随着网络时代的到来，人人都可以提供资源，人人都需要搜索信息，信息检索的规模和复杂程度面临巨大的挑战。

首先，网络中文档的创作风格多种多样，很难按照一个统一的标准为每个文档排名。对于一个主题可以找到由不同作者提供的文章。以前出版一部著作需要花费相当的资金和人力物力，经过排版、印刷、装订等专业生产过程，出版被认为是一件很严肃的事，而如今任何人都可以创作出高质量的网页。此外，人们查询、提问的方式也丰富多样，多重词义的问题变得尤为严重。

这类问题在传统的信息检索系统中同样存在，只是对于网络搜索显得更为严重，而网络搜索还引发了一些新的问题。首先，万维网中的内容具有动态变化的特性。2001 年 9 月 11 日，"9·11"事发当天，许多人用谷歌搜索"世贸中心"试图查询与"9·11"事件相关的信息，结果没能查到相匹配的内容，因为当时谷歌搜索模型是基于定期收集的网页而建立索引结构的，所以搜索结果都是几天或几周前收集的网页，排在最前面的结果大都是描述世贸中心建筑的网页，而不是关于"9·11"事件的。为了提供这种搜索服务，谷歌及其他主要的搜索引擎开始提供专门的"新闻搜索"功能，实时地从相对稳定的新闻发源地收集新闻稿件，以便更及时地响应有关新闻报道的查询。

还有一个最核心的问题，大多数传统信息检索系统的检索结果往往不够充分，万维网的搜索结果则过于繁多。在万维网时代之前，信息检索系统应用就有"大海捞针"的说法。例如，一个知识产权律师可能这样描述需要的信息——"查找利用模糊逻辑控制器设计电梯速度调节器方面的专利"——才能够顺利地检索到所需的真实资料。这类问题今天仍然存在，但大多数网络搜索引擎的困境在某种意义上正好相反，广大公众需要的是从一个庞大数量的有关结果中过滤出少数最重要的。换句话说，搜索引擎完全可以找到大量字面上相关的文件，但问题是查询的人只可能浏览大量结果中的几个。搜索引擎应该将哪几个推荐给用户?接下来将讨论理解网页的网络结构是解决这些问题的关键。

14.4　利用中枢和权威进行链接分析

14.3 节提出了这样一个问题：查询一个词"湖州师范学院"，搜索引擎根据什么将湖州师范学院的主页 www.zjhu.edu.cn 作为查询结果中排名靠前的选项，这是一个好的答案吗?

14.4.1　由链入链接投票选择

事实上，可以采用一种很自然的方式解决这个问题。首先需要明确一个事实，用户无法单纯从 www.zjhu.edu.cn 所指网页本身找到答案，这个网页没有什么特别的特征，比如频繁使用或突显"湖州师范学院"这个词，这一点与其他网页没有明显的不同。实际上，它能够突显是因为其他网页的缘故，当一个网页与查询词"湖州师范学院"相关时，这个页面通常有一个指向湖州师范学院的链接 www.zjhu.edu.cn。

链接是影响网页排名的首要因素：利用链接评估一个主题相关网页的权威性，是指针对一个主题的其他网页通过链接到一个网页而赋予这个网页的认可程度。当然每个链接可能有不同的含义，可能是与主题相关的，也可能是一个付费广告。搜索引擎很难自动评估每个链接的实际意图。不过从总体上看，一个网页上来自其他相关网页的链接越多，它得到的认可度也应该越高。

对于查询词"湖州师范学院"，首先要根据传统的基于文本的信息检索方法，收集大量与该查询相关的网页样本，然后对每个网页的链接行为进行统计，选择网页链入数量最多的网页。对于查询词"湖州师范学院"，这种简单计算链接数的方法效果很好，因为最终得票数最高的网页只有一个，说明大家都认可它的重要性。

14.4.2　一种发现列表同页的技术

深入研究网络结构，可以发现除了简单地计算网页链入数，链接对网页排名还有第二个影响因素。思考一个典型的例子，查询词"报纸"不同于"湖州师范学院"，搜索结果未必对应一个单一的、直观的、最好的结果，网络中有很多突出的在线报纸网站，理想的搜索结果应该包含一系列这样的在线报纸网站。对于查询词"湖州师范学院"，收集相关网页并计算它们的链入数就可以选出最佳答案，而查询"报纸"时使用同样的方法会发生什么呢？

通过实验，我们发现搜索结果中排名靠前的确实有一些突出的报纸网站，而同时出现的是一些链入数较高的网站，如雅虎和亚马逊等，而且无论对于什么查询词，这些网站都会以靠前的排名出现。图 14-4 以一种简单的链接结构描述了这个问题，其中无标记的圆表示与查询词"报纸"相关的网页样本，4 个得到最高链入数的网页中，两个是报纸网站（New York Journal 和 USA Today），另外两个则不是（Yahoo!和 Amazon），当然这个例子的网页样本数很小，实际中还会出现很多貌似在线报纸的网页及根本与报纸无关的网页。

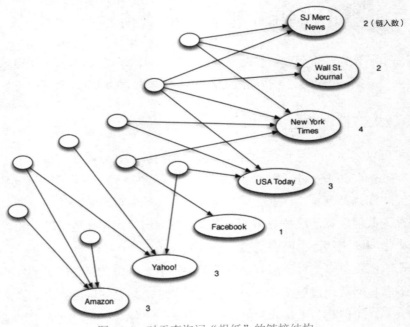

图 14-4　对于查询词"报纸"的链接结构

计算网页的链入数只是一种很简单的网页排名评估方法，仔细研究网页之间的链接结构，还可以进一步挖掘出更多的信息。为此，还可以尝试从另一个角度思考问题。对于查询词"报纸"，除了关注在线报纸网页本身，还应该注意到另一类网页：它们汇集了一系列与各种主题相关的资源。这种网页往往对应于更宽泛的查询，例如对于查询词"报纸"，它们汇集了指向多家在线报纸网站的链接列表；对于查询词"湖州师范学院"，同样可以找到许多校友创建的网页，包含一些与湖州师范学院相关的链接，如医学院、重点实验室等。

如果能够搜索到这种汇集在线报纸网站的列表网页,用户就能更有效地查询在线报纸网站。事实上,在图 14-4 中,链接到右边结果网页的网页有些实际上已经选择了多个获得较高链入数的网页,可以这样理解,这些网页比其他网页更清楚哪些是较好的搜索结果,因而赋予它们较高的分数。具体地,可以说一个网页的列表值等于它所指向的所有网页所获得的链入数的总和。图 14-5 展示了应用这一规则后的结果。

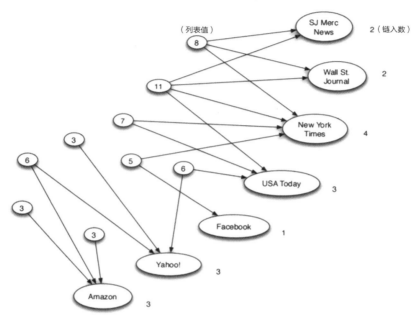

图 14-5　通过链入数为查询词"报纸"寻找好的列表网页

14.4.3　反复改进规则

如果确信得分较高的列表网页更清楚哪些是更好的结果,就应该加大它们对所链接网页的表决权,因此重新制定图 14-5 有关的投票方案,对网页的投票用其列表值加权。图 14-6 展示了经过这种改进的结果,图中标注的分值是所有指向该网页的网页列表值之和,因为被列表值较高的网页推荐,一些在线报纸网站已经超过了最初得分较高的 Yahoo!和 Amazon。

事实上,日常生活中也有这种再次加权投票的实例。假如你刚刚搬迁到一个新的城市,向许多人打听好的餐馆,你会发现某些餐馆被很多人提到,同时注意到有些人向你推荐了这些认可度较高的餐馆,很自然地你会特别相信这些人的判断能力,因而更看重他们的推荐,这些人发挥的作用就像万维网中列表值较高的网页一样。接下来运用这种再次加权的投票方式计算网页的排名。链接分析思想的最后一部分是:为什么不继续呢?假如图 14-6 中右边的网页得到较高的选票可以进一步改进网页的列表值,则可用这些更准确的列表值重新加权他们对右边网页的推荐强度。这个反复进行的过程称为反复改进规则,其中对一部分网页的精准化评估能够促使对另一部分网页的评估更加精准。

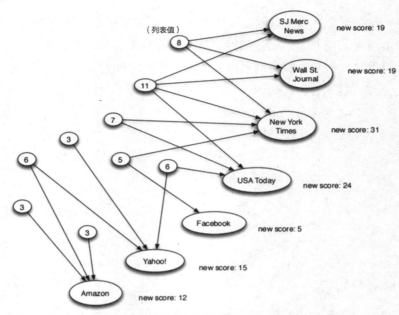

图 14-6　对查询词"报纸"得到的网页投票用其列表值加权

14.4.4　中枢网页和权威网页

现在介绍网页排名的精确计算过程，首先将针对一个查询得到的那些认可度较高的网页称为该查询的权威网页，将那些列表值较高的网页称为该查询的中枢网页，对于每个网页 p，我们尝试用其潜在的网页权威值 auth(p) 和网页中枢值 hub(p) 来估算其本身的价值，因为最初并不了解每个网页的情况，因此设每个网页的这两个值的初始值为 1。改进后的投票方案利用网页中枢值进一步提高网页权威值的精准度，实现如下：

权威更新规则：对于每个网页 p，以所有指向该网页的网页中枢值之和更新这个网页的权威值 auth(p)。

中枢更新规则：列表网页查找技术利用网页的权威值进一步提高网页中枢值的精准度，对于每个网页 p，以它指向的所有网页的权威值之和来更新它的中枢值 hub(p)。

注意，运行单次权威更新规则（所有初始值设置为1）就是通过链入数投票选方案，而接下来运行中枢更新规则得到的结果则是采用列表网页查找技术产生的列表页。为了获得更好的估值，通过反复改进规则，以交替的方式执行上述两个规则，具体操作过程如下。

（1）设所有网页的中枢值和权威值的初始值为 1。

（2）选择一个运行次数 k。

（3）执行 k 次中枢、权威更新操作，每次更新过程：①运行权威更新规则，利用当前网页中枢值更新当前网页的权威值；②运行中枢更新规则，用权威更新产生的值对网页中枢值进行更新。

（4）网页的中枢值和权威值可能会变得非常大，因为这里只关心它们的相对值大小，为此对它们进行归一化处理，即将每个权威值除以所有权威值的总和，同样将每个中枢值除以所有中枢值的总和。图 14-7 展示了对图 14-6 中的权威值进行归一化处理之后的结果。

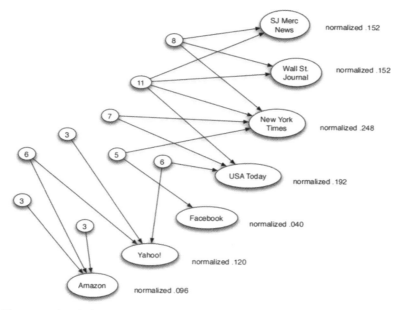

图 14-7　对于查询词"报纸"得到的网站的权威值进行归一化处理后的结果

事实上，当 k 值趋于无穷大时，经过归一化处理后的中枢值和权威值也收敛于稳定的极限值，换句话说，此时再继续运行改进操作对结果产生的影响越来越小。图 14-8 展示了对于查询词"报纸"得到的网页的中枢值和权威值，经过计算得到的极限值。

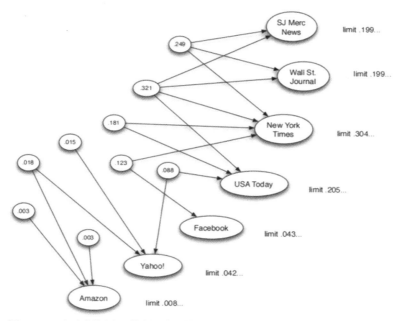

图 14-8　对于查询词"报纸"得到的网页的中枢值和权威值的极限值

最后，这些极限值维持一种均衡状态：运行权威更新规则和中枢更新规则，这些极限值的相对值能够保持不变。这种均衡实际上反映了中枢和权威概念的固有本性：网页的权威值与指向该网页的所有网页的中枢值之和成正比，而中枢值又与该网页指向的所有网页的权威值之和成正比。

14.5 网页排名

中枢和权威的概念意味着网页在网络中扮演着多重角色，一些网页可能会强烈推荐其他网页，而自身却不一定被别的网页强烈推荐。通常，除非某些特殊情况，竞争公司网页之间不会链接到对方，唯一能使它们联系起来的是一系列的中枢网页会同时包含指向这些公司网页的链接。

有些情况下一些突出网页的认可被视为是更有价值的。换言之，如果一些重要的网页都链接到某个网页，那么这个网页也是重要的。这通常是判断认可程度的主要方式，特别是学术和政府网页、博客网页和个人网页表现得更为明显，这种方式在科学文献重要性评估中占主导地位，它也是对网页排名的基础。

14.5.1 网页排名的基本定义

直观上，可以把网页排名看成一种通过网络流通的"流体"，沿着边从一个节点到另一个节点，汇集在一些重要的节点上。网页排名的具体计算方法如下。

（1）对于一个有 n 个节点的网络，设所有节点的网页排名初始值为 $1/n$。

（2）选择操作的步骤数为 k。

（3）对网页排名做 k 次更新操作，每次更新使用基本网页更新规则：每个网页均等地将自己当前的网页排名值分配给所有向外的链接，这些链接将这些均等的排名值传递给所指向的网页。（如果网页没有指向其他网页的链接，就将当前所有网页排名值传递给自身）。每个网页以其获得的所有网页排名值的总和更新其网页排名。

注意网络中网页排名值的总和在运行上述操作后保持不变，这是因为每个网页拥有一个初始网页排名值，均分后分别沿着向外的链接传递给其他网页，网页排名值不会再生、不会消失，只是从一个节点转移到另一个节点。因此，不需像处理中枢值和权威值那样做归一化处理。

以图 14-9 为例，运用上述方法计算 8 个网页的网页排名，A 的网页排名值最高，其次是 B 和 C（因为被 A 推荐）。所有网页的初始排名为 1，经过两次更新操作之后，每个网页的网页排名值由表 14-1 给出。

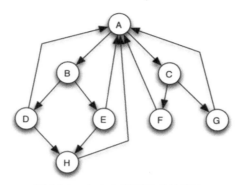

图 14-9　由 8 个网页组成的网络

表 14-1　8 个网页的网页排名值

步骤	A	B	C	D	E	F	G	H
1	1/2	1/16	1/16	1/16	1/16	1/16	1/16	1/8
2	5/16	1/4	1/4	1/32	1/32	1/32	1/32	1/16
⋮	⋮	⋮	⋮	⋮	⋮	⋮	⋮	⋮
k	4/13	2/13	2/13	1/13	1/13	1/13	1/13	1/13

例如第一次更新后，A 的网页排名值为 1/2，分别获得 F、G、H 的全部网页排名值，以及 D 和 E 各一半的网页排名值。而 B 和 C 各得 A 一半的网页排名值，第一次更新后为 1/16。一旦 A 获得了较高网页排名值，下一次更新时 B 和 C 就会从中受益。这与反复改进规则相吻合，如果前一次更新后，A 被视为重要的网页，那么在下一次更新中，A 的推荐力度就会相应增加。

14.5.2　网页排名的均衡值

像中枢-权威计算方法一样，可以证明除了特殊的退化情况，当更新操作步骤趋于无穷大时，所有节点的网页排名值收敛于相应的极限值。因为网页排名在整个计算过程中具有守恒性，即所有网页排名值的总和为 1，所以这个过程的极限就可有一个简单的解释。可以认为每个节点的网页排名极限值体现一种总体的均衡状态，换句话说，如果采用这些极限值再进行一次基本网页排名更新操作，每个节点的值将保持不变。这一特征可以用来检查一组网页是否达到了网页排名的均衡状态，首先确定它们的总和为 1，再运行基本网页排名更新规则，确定是否得到相同的值。对于图 14-9 所示的网页，可以验证表 14-1 最后一行显示的值达到了预期的均衡状态，此时 A 的网页排名值为 4/13，B 和 C 的网页排名值都为 2/13，另外 5 个网页的网页排名值都为 1/13。

14.5.3　按比例缩放网页排名

网页排名的基本定义还存在一个问题。在一些网络中，网页排名值可能会集中并终结在某些错误的节点上，有一种简单的方法可以解决这个问题。

为说明这个问题，将图14-9所示的网络做一些小的改变，使F和G互相指向对方，而不是指向A，如图14-10所示。显然这会降低A的网页排名值，但实际上会触发一个非常极端的事件发生，从C传递到F和G的网页排名值不会再传递到网络的其余部分，最终导致所有的网页排名值终结在节点F和G上。通过反复运行基本网页排名更新规则，F和G的网页排名值收敛于1/2，而其他所有节点的网页排名值收敛于0。

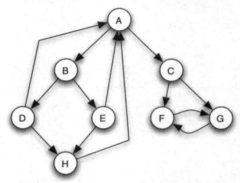

图14-10　由8个网页组成的网络（F和G改变它们指向A的链接为相互链接）

这显然不能达到期望值，但又无法避免。事实上，几乎所有的网络运行网页排名更新规则都会面临这个问题，只要网络中一小部分节点能够从图中其他节点通达但没有返回路径，那么网页排名值将在那里累积，所幸的是还可以用一个简单的方式修正网页排名定义，解决这个问题。思考一下为什么地球上所有的水并没有全部流到低处并完全驻留在最低点？这是因为有一个平衡过程在起作用，在海拔高的地方，水会蒸发，然后形成雨回到地面。受这一自然现象的启发，选择一个缩放因子S（严格限定在0和1之间），用以下缩放网页排名更新规则替换基本网页排名更新规则：首先运行基本网页排名更新规则，然后用缩放因子S缩小所有网页排名值，这意味着网络中网页排名值的总和缩小为S。将剩余的网页排名值$1-S$平均地分配给所有的节点，每个节点得到$(1-S)/n$。

这一规则仍然维持网络的网页排名值的总和不变。运用"水循环"的再分配原则，每一步蒸发掉的$1-S$单位的网页排名值均匀地降落到所有节点上。

可以证明，当反复运行缩放网页排名更新规则的次数趋于无穷大时，网页排名值将收敛于一组极限值。并且对于任何网络，这些极限值形成这种更新规则的唯一均衡状态，这些极限值对这种更新规则具有唯一性。当然这些值取决于我们选择的比例因子S。在实际应用中，通常将比例因子选择在0.8到0.9之间。引入比例因子，还可以减少网页排名值对加入或减少少量节点和链路的敏感度。

14.6 习题

1. 利用图 14-11，计算网络中网页经过两次循环后的中枢值和权威值。（运行 k 次中枢、权威更新规则，选择运行次数 k 为 2。）给出归一化处理之前和之后的值，即将每个权威值除以所有权威值之和，将每个中枢值除以所有中枢值之和。可以将结果保留为分数。

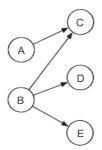

图 14-11　用于习题 1 的由网页构成的网络图

2.（a）利用图 14-12，计算网络中网页经过两次循环后的中枢值和权威值。（运行 k 次中枢、权威更新规则，选择运行次数 k 为 2。）给出归一化处理前后的值，即将每个权威值除以所有权威值之和，将每个中枢值除以所有中枢值之和。（称这种经过归一化操作得到的值为归一化值。可以直接保留分数形式的归一化值。）

（b）由于图 14-12 中节点 A 和 B 是对称的，因此（a）的计算结果应该是 A 和 B 有相同的权威值。现在改变节点 E，使其同时链接到 C，构成图 14-13 所示的网络。类似于（a），对于图 14-13 所示的网络，计算每个节点运行两次中枢、权威更新规则而得到的归一化中枢值和权威值。

（c）在（b）中，节点 A 和 B 哪个具有较高的权威值。从直观的角度来解释由（b）计算得到的 A 和 B 的权威值不同的原因。

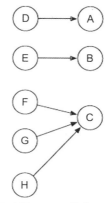

图 14-12　用于习题 2（a）的由网页构成的网络图

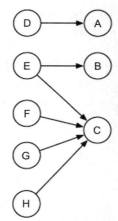

图 14-13　用于习题 2（b）的由网页构成的网络图

3．本章讨论了如何使创建的网页在搜索引擎中排名靠前。针对这个问题设定一个缩小的网络，探索影响网页排名的一些因素。

（a）如图 14-14 所示的网络，运行两次中枢、权威更新规则，给出得到的中枢值和权威值。（解释同上）

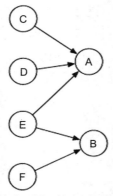

图 14-14　用于习题 3 的由网页构成的网络图

（b）现在分析对于一个给定的超链接结构，如何创建一个能够实现较高权威值的网页。具体地，在图 14-14 所示的网络中创建一个新的网页 X，使其能够得到（归一化）尽可能高的权威值。再创建第二个网页 Y，使得 Y 链接到 X，并赋予它相应的权威值。如果 Y 再链接到其他节点，是否会使 X 的权威值获益或损失？

假设将 X 和 Y 添加到图 14-14 所示的网络，为此需要确定它们拥有哪些链接。这里有两个选择：第一个选择是 Y 只链接到 X；第二个选择是，Y 除了链接到 X，还链接到其他具有较高权威值的节点，如 A、B。

对于这两个选择，用户希望了解 X 的权威值有何变化，对每个选择，给出该网络经过两次中枢、权威更新规则后节点 A、B、X 的归一化权威值（归一化处理是指将得到的权威值除以总权威值）。

上述两个选择，哪一个网页可得到较高的权威值（归一化处理后）？简单解释为什么。

（c）现在添加 3 个网页 X、Y、Z，同样为它们创建一些向外的链接，使得 X 得到尽可靠前的排名。描述在图 14-14 中添加 X、Y、Z 3 个节点的策略，使每个节点都有向外的链接，当运行两次中枢、权威更新规则［如同（a）、（b）］后，以权威值对所有节点排名，使节点 X 的排名居第二位。（提示：无法使 X 的排名为第一，对于只添加 X、Y、Z 3 个节点的情况，第二名是最好的结果）

4．考量基本网页排名更新规则的极限值（没有引入比例因子 s），这些极限值描述为一种基于直接推荐的平衡状态：当每个节点将其网页排名值均分后分别沿着向外的链接传递给其他节点，这些值保持不变。这种描述提供了一个方法，可以检测网络中的网页排名值分配是否达到一个平衡状态：所有数值总和为 1，并且再次运行基本网页排名更新规则时，保持不变。它们达到一个网页排名值平衡状态。对于图 14-15 所示的两个网络，检查图中给出的数值是否达到网页排名值的平衡状态。

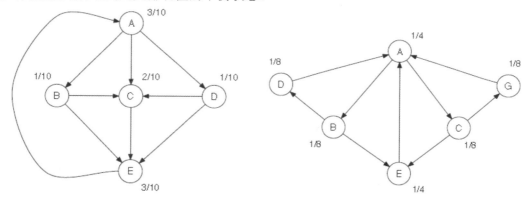

图 14-15　用于习题 4 的由两个网页构成的网络图

5．图 14-16 描述了 6 个网页之间的链接，同时提供了每个网页的网页排名值（节点旁边显示的数字）。这些数值是否代表基本网页排名更新规则的平衡状态？对你的答案给出简单的解释（1～3 句话）。

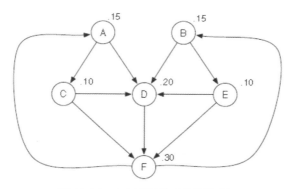

图 14-16　6 个网页构成的网络图

6. 中枢、权威更新规则的基本思想是区分具有多项加权推荐的网页和那些只简单拥有较高链入数的网页。考虑图 14-17 描述的网络。（尽管它包含两部分，将其视为一个网络。）上面所述的两种网页可以对应于节点 D 和节点 B1、B2、B3：D 有许多链入的链接，是从其他节点只链接到 D 的；节点 B1、B2、B3 仅有较少的链入数，但都是从互相加权的节点链入的。我们利用这个例子来解释这种不同。

（a）采用本章学习的链接分析方法，运行两次中枢、权威更新规则，给出结果。（可以省略掉最后的归一化处理步骤，只保留得到的较大的数值。）

（b）运行 k 次中枢、权威更新规则计算每个节点的值，给出表达式。（同样可以省略最后对数值进行归一化处理的步骤，仅给出以 k 表达的表达式）

（c）当 k 趋于无穷大时，每个节点的归一化值收敛于什么值？对你的答案进行解释；这个解释不必是严格的论证，但应该论述为什么该过程会收敛于你得到的结论。此外，简单讨论（1～2 个句子）这与我们一开始提出的问题有什么关系，即具有加权推荐的网页和链入数较多的网页之间的区别。

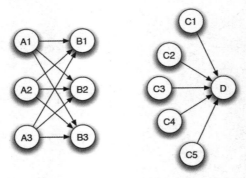

图 14-17　用于习题 6 的由网页构成的网络图

习题讲解第 14 章

参 考 文 献

[1] 战德臣，聂兰顺. 大学计算机：计算思维导论[M]. 北京：电子工业出版社，2013.

[2] 帕特森,亨尼斯. 计算机组成与设计：硬件/软件接口[M]. 王党辉，等译. 北京：机械工业出版社，2015.

[3] 骆斌,葛季栋,费翔林.操作系统教程[M]. 6 版. 北京：高等教育出版社，2020.

[4] 李晓明,王卫红,薛定稷.信息技术之选修：算法初步[M].上海：华东师范大学出版社，2021.

[5] 邵斌,叶星火,樊艳芬,等. 数据结构[M]. 北京：清华大学出版社，2018.

[6] Andrew S T, David J W. 计算机网络[M]. 5 版. 严伟,潘爱民译. 北京：清华大学出版社，2012.

[7] 王珊,萨师煊.数据库系统概论[M]. 5 版. 北京：高等教育出版社，2014.

[8] 王文敏.人工智能原理[M]. 北京：高等教育出版社，2019.

[9] Wayne Z. An information flow model for conflict and fission in small groups[J]. Journal of Anthropological Research, 1977, 33(4):452–473.

[10] Michael Suk-Young Chwe. Structure and strategy in collective action[J]. American Journal of Sociology, 1999, 105(1):128–156.

[11] Duncan J W. Small Worlds: The Dynamics of Networks Between Order and Randomness[M]. Princeton: Princeton University Press, 1999.

[12] James Moody. Race, school integration, and friendship segregation in America[J]. American Journal of Sociology, 2001, 107(3):679–716.

[13] Mark S M. What do interlocks do? An analysis, critique, and assessment of research on interlocking directorates[J]. Annual Review of Sociology, 1996, 22:271–298.

[14] Thomas S. Dynamic models of segregation[J]. Journal of Mathematical Sociology, 1972, 1:143–186.

[15] Thomas S. Micromotives and Macrobehavior[M]. New York: Norton, 1978.

[16] John C H. Game with incomplete information played by "Bayesian" players, I–III. Part I: The basic model[J]. Management Science, 1967, 14(3):159–182.

[17] William P. Prisoner's Dilemma[M]. New York: Doubleday, 1992.

[18] Anatol R, Albert M C. Prisoner's Dilemma[M]. Michigan: University of Michigan Press, 1965.

[19] John N. Equilibrium points in n-person games[J]. Proceedings of the National Academy of Sciences of the United States of America, 1950, 36:48–49.

[20] John N. Non-cooperative games[J]. Annals of Mathematics, 1951, 54:286–295.

[21] Linda B. Removing roads and traffic lights speeds urban travel[J]. Scientific American, 2009: 20–21.

[22] Tim R. Selfish Routing and the Price of Anarchy[M]. Massachusetts: MIT Press, 2005.

[23] Paul K. Auctions: Theory and Practice[M]. Princeton: Princeton University Press, 2004.

[24] Preston M, John M. Auctions and bidding[J]. Journal of Economic Literature, 1987, 25:708-7470.

[25] Glenn E. Learning, local interaction, and coordination[J]. Econometrica, 1993, 61:1047–1071.

[26] Tim B, Robert C, Ari L, et al. The World-Wide Web[M]. Communications of the ACM, 1994, 37(8):76–82.

[27] Tim B, Mark F. Weaving the Web[M]. New York: Harper Collins, 1999.

[28] Krishna B, Bay W C, Monika R H, et al. Who links to whom: Mining linkage between Web sites[J]. In Proc. IEEE International Conference on Data Mining, pages 51–58, 2001.

[29] Kleinberg J. Authoritative sources in a hyperlinked environment[J]. Journal of the ACM, 1999, 46(5):604–632.

[30] Kleinberg J. Navigation in a small world[J]. Nature, 2000, 406:845.